国际时尚设计丛书·服装

WOVEN
TEXTILE
DESIGN

纺织服装
面料设计与应用：
机织物设计

[英] 简·珊顿 ◎ 著

王越平 ◎ 译

中国纺织出版社有限公司 ｜ 国家一级出版社
全国百佳图书出版单位

内 容 提 要

这是一本纺织服装面料的专业图书，以图解方式重点讲解了机织物的设计，内容包括设计准备工作、平纹组织、斜纹组织、色纱与织物组织的配合、经纱和纬纱扭曲的网目组织、花式组织、经浮纬浮花式织物以及双层织物。本书以设计实践为基础，对相关设计知识点进行了系统梳理，并配以相应的组织结构图、穿综图、提综图以及织物实例图，讲解简练而形象，利于读者学习。

本书内容专业、严谨、实用，案例丰富，图文并茂，适合纺织、服装专业的师生、从业人员、研究者以及广大爱好者阅读与参考。

原文书名：WOVEN TEXTILE DESIGN

原作者名：JAN SHENTON

著作权合同登记号：图字：01-2018-4907

图书在版编目（CIP）数据

纺织服装面料设计与应用 . 机织物设计 /（英）简 · 珊顿著；王越平译 . -- 北京：中国纺织出版社有限公司，2020.1
（国际时尚设计丛书 . 服装）
书名原文：WOVEN TEXTILE DESIGN
ISBN 978-7-5180-6504-2

Ⅰ. ①纺… Ⅱ. ①简… ②王… Ⅲ. ①服装面料—设计 ②机织物—设计 Ⅳ. ① TS941.41 ② TS105.1

中国版本图书馆 CIP 数据核字（2019）第 167947 号

策划编辑：李春奕　　责任编辑：谢冰雁
责任校对：王花妮　　责任印制：王艳丽

中国纺织出版社有限公司出版发行
地址：北京市朝阳区百子湾东里A407号楼　邮政编码：100124
销售电话：010—67004422　传真：010—87155801
http://www.c-textilep.com
中国纺织出版社天猫旗舰店
官方微博http://weibo.com/2119887771
北京华联印刷有限公司印刷　各地新华书店经销
2020年1月第1版第1次印刷
开本：889×1194　1/16　印张：14
字数：270千字　定价：128.00元

译者的话

纷织品是技术与艺术融合的最佳载体。纺织品设计既是纤维、纱线、织物组织的合理运用，也是色彩、图案、肌理的设计实现。纷织品设计不仅需要技术性知识更需要艺术审美，二者共同传递出设计者的情感、想法，让产品承载着文化内涵，展示出科技的水准。

《纺织服装面料设计与应用：机织物设计》一书，从机织物最简单的三原组织出发，到花式组织、复杂组织，以技术为主线，展开各类纺织品的设计，是一本以技术为基础的设计类书籍，可供纺织品设计、服装面料设计专业的学生学习与参考。作为从事纺织品相关教学三十余年的专业人士，笔者在翻译过程中，本着负责的态度对原书中的技术性不当之处，在经过原著者同意的情况下，进行了修改，对全书纺织设计作品的组织图、穿综图、提综图等内容做了全面的检查。

全书共分八章：第一章由王越平、李易鑫翻译，第二章由王越平、秦卓翻译，第三章由王越平、王钰桐翻译，第四章由王越平、秦卓翻译，第五章由王越平、闫进庚翻译，第六章由王越平、朱丽娉翻译，第七章由王越平、孔得秋翻译，第八章由王越平、杨然翻译。唐静一、覃丽珍、陈欣等同学也参与了部分翻译工作。全书由王越平统稿。

感谢原著者的授权，感谢所有译者的参与，感谢所有人的辛勤付出。

因时间和笔者水平有限，缺点和错误在所难免，恳请读者批评指正。

王越平

2019年5月2日

目录

前言

本书的目的是为了给机织设计人员介绍一些基本的织物结构知识，激励他们用自己的创意和才能，开发并生产出自己设计的漂亮的原创面料。书中鼓励每个人拓展可能的边界并开展实验。通常在学习织造工艺时，设计者不要拘泥于这些工艺限制，抓住机会尝试不同的纱线与颜色组合。

作为一名织布新手，要广泛地进行实验，拥有的知识和经验越多，就越容易让自己的设计适应纺织工业的生产，这是很自然的事情。当然想要保留其原创性，就要开发一些非传统的织物，并转变成可加工的织物。

本书可以帮助你在织机设置和织造过程中，找到发现问题的技巧，并且提供针对这些常见问题最简单的解决方案，以及如何使工作更轻松的建议。书中有织造过程中使用的不同术语的定义，并解释了如何通过在意匠纸上进行复杂周密的设计来解决问题。

本书以机织物设计为例，展示设计者所具有的丰富的创造性，符合这些效果的技术参数将有助于织造者将色彩、图案与纱线结合，实现其织物效果。机织的例子并不仅仅局限在某些技术细节，而是显示了实验过程中不同的纱线、结构等各种可能的变化。作为一名纺织品设计师，你需要设计并实现自己的原创设计想法。只有成为一名可以进行独立设计的原创者，你才能拥有原创设计的所有权并且控制整个项目的进展。

编织时，色彩的混合是非常神奇的。即使是最简单的结构，也运用了编织这一独特的色彩混合方式，当经向、纬向使用非常精细的对比色纱线时，就意味着当光照射到织物上，它可能改变色彩，有时经纱颜色更明显一些，也有可能是纬纱更明显，有时甚至可能是两者均衡的混合色。如果使用较粗的对比色纱线，这根纱线及其色彩将更明显；如果是一块单色布，织物结构将使布面更富有变化。

积累织造相关的技术知识和实践经验，以及不同的织物结构方面的知识，将有助于进入该行业的人员了解织造过程。可能有些设计者会不断开发自己的新作品作为定制产品；其他人也会为企业开发产品；有人为相关企业服务，也有人从事相关教育工作。手工机织的实践经历是了解和实现新的设计想法的最佳途径。无论未来你是否做一名纺织品设计师，本书中的内容都将有助于开发你的独立性和创造性。

用尼龙绳做经、纬纱织造的山形斜纹组织实例

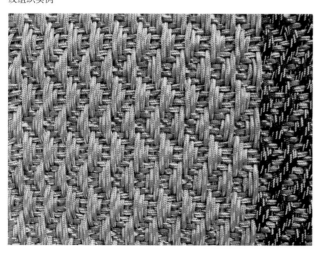

用锦纶单丝和尼龙绳织造的平纹组织实例

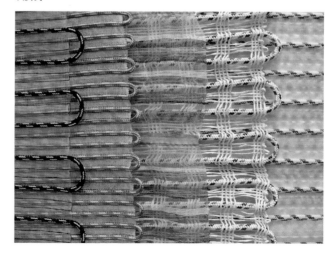

乔纳森·桑德斯（Jonathan Saunders）
2012秋冬发布会上用皮条为原料、以
斜纹编织成的裙子

薇洛（Willow）2012秋冬发布会"王
者运动"（Monarch Movement）上
用橘红色和黑色编织的织物

第一章
设计前的准备工作

机织物由两个系统纱线构成，经纱竖直穿过织机，纬纱与经纱垂直并在经纱之间水平穿过。

所有织物的相关信息必须在准备纱线、设置织机之前记录在规范的工作单上，然后才能开始上机。织物结构、穿综顺序和提综顺序以图表的形式记录下来（即上机图），以便于阅读。

对于设计师来说，比较容易接受的是按照图中的指示了解织造流程，而不是通过文字阅读，所以信息通常记录在方格纸上，之后任何时候都可以查阅规格说明书（上机图）以了解情况。

规格说明书有如下作用：

◆ 再现同一块织物（二次织造）。

◆ 作为参赛作品的一部分。

◆ 作为出售给企业设计稿的一部分。

仅靠记忆是靠不住的，所以设计者需要在做计划时记录完整的细节，然后在织造时补充更多的信息，比如新的提综图或纬纱排列方式（纬向设计时每个颜色或每种类型纱线需要的纬纱根数、每个颜色中纬纱的排列根数）。

记录在上机图中的信息包括经纱排列方案、穿综图、穿筘图、提综图和纬纱排列方案。图表中还可以包括染色相关计算、后整理细节和织物重量等附加信息。

编织一块机织物需要的所有信息的规格表
（4页综、单层织物的规格表）

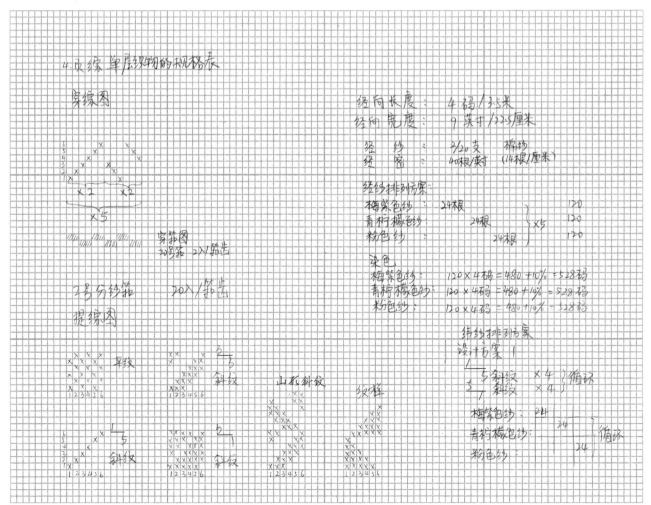

织机

  几种不同类型的手动织机，有着不同的提综方法和不同的提综装置，用手或用脚提综。手动织机至少有2页综框，多者可以有24页及以上。当使用台式织机时，用手拉杠杆或滑轮提起综框，同时引入纬纱。一些设计师更喜欢这种提综方式，因为这样可以有足够的时间思考设计。对于踏板织机，可以用几块踏板提起综框；某些织机是降低综框，从而使手腾出来，用于处理纬纱。多臂织机只有一块踏板，用纹板图控制综框的提升。

  织造前经纱排列、经纱转移到织机上并"妆造"织机（织机的妆造，包括牵经、卷绕经轴、穿综、插筘、上机）都有不同的方法。准备织机时将会有一套特定的操作说明，没有两套说明是完全一样的，但每种方法都可以很好地工作。本书将提供一些对全书每一章都适用的操作方法，并通过提供一些选择性的建议以防出现混淆。这些建议将有助于解决织机安装过程中出现的问题。

8页综的台式织机，机后有两个经轴，织机的综片靠按压左侧或右侧的杠杆提起

用于多臂织机的纹板图（纹钉规律），该图中是16页综框

一台6综6蹑的踏板织机；图中的综是靠脚踩踏板提起的，每一块脚踏板可以与第1页至第6页综用绳子系起来，系的规律取决于织物组织或纹样

16页综的多臂织机；有一块踏板，当踏板被踩下去时，将按照纹板图（纹钉的规律）由机械控制综框运动

24页综的电动多臂织机；用键盘输入提综规律，用两块脚踏板提起综框，并转换到下一行的纹样规律

经纱信息

经纱的选择取决于所希望达到的最终效果。通常，纱线必须具有足够的强度以经受均匀、紧绷的张力，避免在织造时断纱。设计者将依据最初的视觉观察，确定所需要的纱线表面效果，是光滑的、有纹理的还是多种效果；是单色还是条纹；是紧密的、均匀的还是疏松的。经纱，通常也被称为"Ends"，一旦做出了选择，那么以下信息应记录在专门的表格中。

◆ 纱线类型。例如，真丝纱、毛纱、棉纱、黏胶纱。

◆ 纱线的粗细。在加捻股线中，纱支用2/30'S、4/4'S或3/12'S等数字表示。第一个数字表示纱线的股数，第二个数字是每股纱的粗细。长丝纱通常只有一个数字，用来表示有多少股线组成，其中的每一缕纱称为"Tram"，所以a12加捻真丝线是由12股纱捻成一根线。

◆ 织物的密度。要获得准确的织物密度，需要计算每厘米/英寸的经纱根数。有一个测量密度的基本方法，即纱线均匀地卷绕在标尺上，留下与纱线相同粗细的孔隙，织造时由纬纱填充。通常2.5厘米（1英寸）是一个合适的缠绕距离。

◆ 经纱纱片宽度。它与织造时织物的幅宽有关，要确保经纱纱片放置在经轴的中心位置处。

◆ 经纱长度。它与计划织造的织物长度有关。此外经纱起始端（需要将经纱系在前梁上）、经纱末端（纱线无法被织造，因为它连接到后梁）以及穿过综框的经纱部分将被浪费。

◆ 总经根数。这里需列出为了获得正确的面料宽度，需要缠绕的经纱根数。

◆ 经纱排列图。

在计算经纱长度时，当确定了要织造的长度，还要加出额外的米/码数。该额外部分包括开头经纱捆绑、末端编织的浪费、试验和纬纱耗用量。织造时，经纱与纬纱上下交错，所以需要更长的米/码数。

为确保计划用做经纱的纱线足够结实，可以承受足够的张力，还需要对其强度进行测试。释放出一段长约50厘米（20英寸）的纱线，左、右手将两端拉紧，反复拉扯几次。如果纱线断裂，不能用于经纱，因为编织时会出现断头问题。

经纱均匀地缠绕在2.5厘米（1英寸）长度以上的尺子上，以便于计算每厘米（英寸）使用的经纱根数

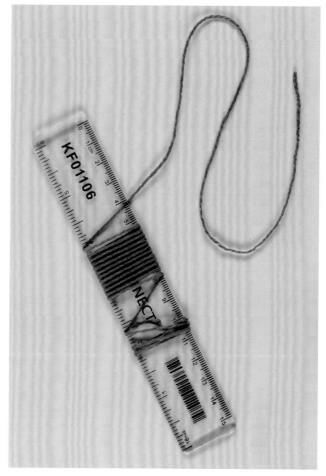

如果使用花式纱、毛绒纱或粗纺纱
做经纱，一定要确保经纱密度不是
很大。当计算经纱密度时，经纱之
间需留出足够的空间，以避免织造
时纱线间的摩擦和损伤。

经纱排列图

经纱排列图用于显示需要缠绕多少根经线才能实现所需的宽度和设计。这是一个便于阅读的图表，表中显示每种不同类型和颜色的纱线以何种顺序缠绕的根数。下表中的举例显示了用同一种类型的3种不同颜色的纱线。表中所列为一个重复循环。重复该循环可以达到所需的宽度。

经线排列图

纱线类型和颜色						
2/60粉红色真丝纱				8		
2/60橄榄色真丝纱		8				8
2/60银色真丝纱	48		12		12	

上表中该重复循环花型总计有96根经线，如果用2/60丝线编织，经密是19根/厘米（48根/英寸），那么一个循环的宽度是5厘米（2英寸）；重复5次，织物宽度为25厘米（10英寸）。

依次阅读各列，先缠绕48根银色丝线。当完成第48次缠绕时，剪断纱线，然后连接下一个颜色纱线（橄榄色），再缠绕8根橄榄色经纱，依次进行。

如果设计是不重复循环花型，则应该创建一个表格，列出布料宽度内完整的经纱排列顺序。

上图：直立式整经架，经纱按照预定的长度在整经架上呈螺旋形缠绕　　**下图：**整经架上端的整经杆细节，经纱在第二、第三杆间呈交叉状缠绕

将经纱转移到织布机的经轴上

有不同的方法把经纱转移到经轴上，但原理是一样的。经纱必须摆放在后轴的中央位置，并均匀分布在面料设计所规定的宽度上，以保证经纱张力均匀。分纱筘将有助于控制经纱。它类似于一个大尺寸的梳子，上面有相同尺寸的缝隙或筘齿，经纱通过这些金属片或木齿后被分开，并保持整齐。2号分纱筘（即2英寸分纱筘）有2个筘齿/英寸。

将每厘米/英寸的经纱根数除以分纱筘上的筘齿数/英寸，由此计算的结果是每个筘齿中的经纱数。

例如：每英寸有48根经纱，用2号分纱筘，即48÷2= 24根/筘齿。

要注意，当经纱缠绕在经轴上时，必须保持整片经纱张力均匀。

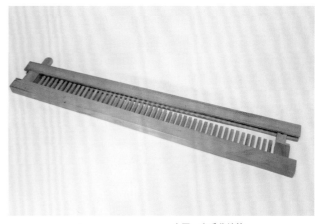

上图：木质分纱筘

下图：将经纱卷绕在经轴上之前，用分纱筘将经纱均匀分布到每个筘齿中

穿综图

穿综图又称"Draft",表示某根经纱以某种规律穿入某一页综框。穿综时,离操作者最近的是综框1。综框是一个穿有很多根综丝的框架,综丝通常用金属丝或结实的纱线制成。每根综丝中部有一个孔眼,用工具"穿综钩"将经纱穿过综丝眼。

如果使用多种纱线或不同颜色的纱线组合,可以用颜色或符号区分穿综图中不同的经纱。

穿综图从左向右读取,每个X表示一根经纱。在右侧图例中,第1根经纱穿到第1页综框上,第2根经纱穿到第2页综框上,依此类推。该举例通常被称为顺穿法(见第50页),是6根经纱顺序穿入6页综框的一个重复循环。

穿综图

综框					
6					X
5				X	
4			X		
3		X			
2	X				
1	X				

带有金属综丝的综框

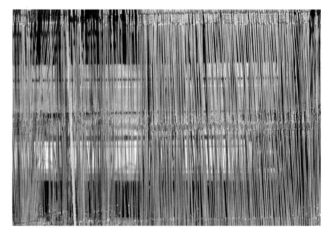
金属综丝

穿综钩

用穿综钩将经纱穿过综丝眼

穿筘图

经纱穿综完成后，需要使用插筘刀对经纱进行穿筘。钢筘是比分纱筘更精细的工具，上面有很多金属插片，用于将经纱均匀地分布在织机的前部。一对金属片中间的缝隙被称作筘齿，为了织出平滑整齐的布，通常两根经纱被穿入同一个筘齿，这样很容易计算出需要使用的筘号，只要将每英寸纱线数除以2，计算结果就是所要用的筘号。

例如：48根经纱/英寸÷2=24号筘（24号筘即每英寸有24个筘齿）

也可以使用更稀的筘，如16号筘3入（3入意思是每筘齿穿3根经纱）、12号筘4入或8号筘6入。所用筘的每英寸筘齿数越少（筘越稀），成品布面出现缝隙、稀路的可能性就越大。

当插筘完成，钢扣被安放在筘座的框架里，可以前后摆动。织造时用它打紧纬纱。

如果要设计一个稀密条织物的外观，就需要绘制一个穿筘图。

插筘刀

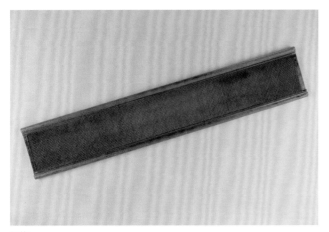
钢筘

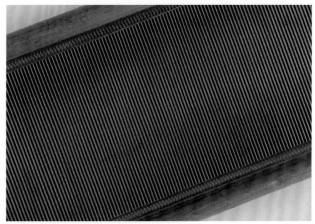
钢筘上金属插片形成筘齿的放大效果

"稀密筘" 穿筘图

方格中的数字代表穿过该筘齿的经纱根数。穿过的纱线根数越多，织物密度越大；穿过的纱线根数越少，布面则越稀疏。

4	4	4	4	3	3	3	3	2	2	2	2	1	1	1	1	1	1	2	2	2	3	3	3	3

穿筘图与穿综图之间的关系

在方格纸上，用颜色填充方格表示钢筘的一个筘齿中穿几根纱线，并将该穿筘图置于穿综图下方。通过这个简单但非常实用的方法可以记录纱线何时穿、何时不穿，或者何时更换使用不同密度的纱线，这对设计者都非常有帮助。

对应穿综图的穿筘图（均匀穿筘）

综框																
6						X					X					X
5					X					X					X	
4				X					X					X		
3			X					X					X			
2		X					X					X				
1	X					X					X					

对应穿综图的穿筘图（非均匀穿筘）

综框																
6						X					X					X
5					X					X					X	
4				X					X					X		
3			X					X					X			
2		X					X					X				
1	X					X					X					

在使用花式线、粗线或毛绒纱线时，要确保使用稀筘，因为过于紧密的金属筘齿会摩擦纱线，从而导致经纱断裂。

张紧经纱

在开始编织前，一旦穿筘完成，下一步就是确保经纱形成紧致且均匀的张力，这需要将经纱末端固定在织机的前梁上来保证。

◆ 整个经纱获得均匀的张力是非常重要的。

◆ 松散的经纱会刮住梭子，导致经纱断裂。

◆ 如果大部分经纱是松弛的，那么纬纱将无法均匀地穿过经纱。

◆ 提综高度不够会导致纱线过于松弛，从而引起编织过程中出现织物外观上的错误。

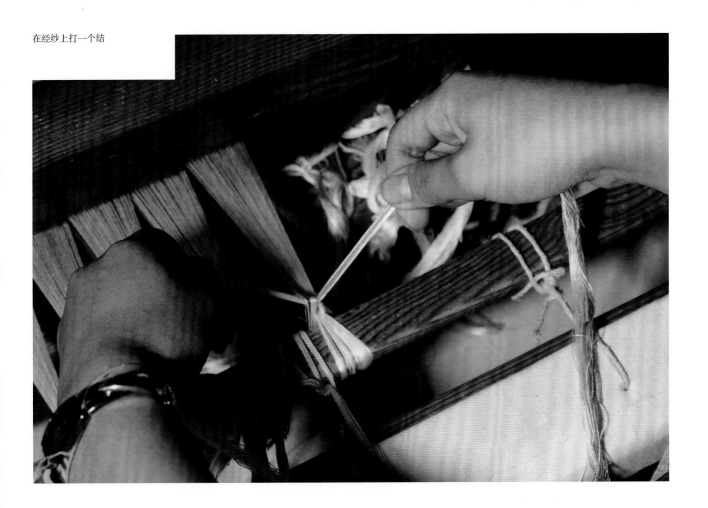

确保经纱张力保持均匀

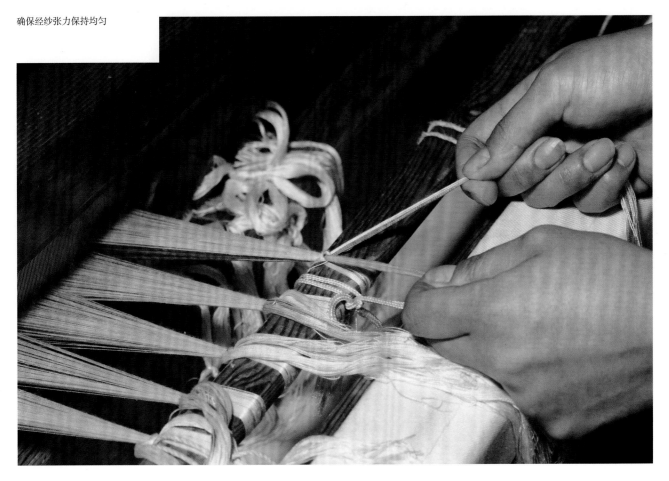

常规纱线的打结方法

第一步

从松弛的经纱左侧或右侧开始，取一束宽约2.5厘米的经纱。拉动松散的经线使纱线变的平直。

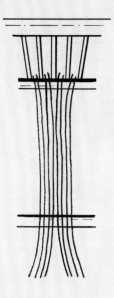

第二步

将该束经纱分成1.25厘米（1/2英寸）宽的两份经纱束，将其从杆子的上方绕过，头端摆放在最初经纱束的两侧。

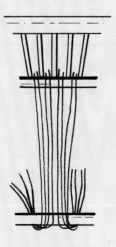

第三步

在经纱束的头端打一个结。

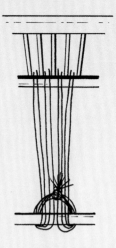

第四步

沿纱线横向重复整个过程。

如果从中间开始，系紧一个结，然后再系另一个结。先处理左侧那束经纱，以相同的方式打结，然后以相同方式处理右侧那束纱。重复该过程，直到所有经纱都被系紧。

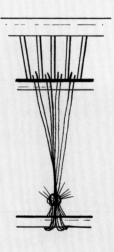

"注意：润湿手指会减小摩擦。"

光滑纱线的打结方法

锦纶单丝、真丝和有光泽的黏胶丝用一个结无法紧密地捆绑在一起——丝线会滑动并释放出它之前所获得的张力。下面的打结方法可以使其获得均匀的张力。

第一步

从松弛的经纱左侧或右侧开始，取一束宽约2.5厘米（1英寸）的经纱，拉动松散的经纱末端使其平直。

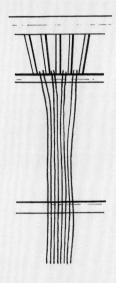

第二步

在经纱束的末端打一个结，以保持良好的紧致程度。沿经纱横向重复整个过程。

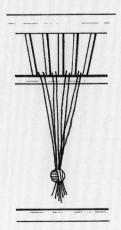

每束经纱打结的位置应该离杆大约5厘米（2英寸）远，以便稍后的调节。

第三步

将一根粗绳子绑在松弛经纱左侧的杆上——需要足够长的绳子依次穿过每一束经纱，然后绕过杆，直至到达最后一束经纱为止。

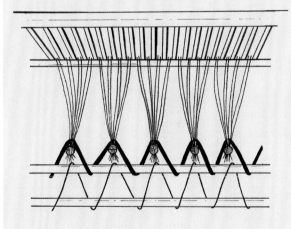

将粗绳子的长端从第一束纱线的结子上方穿过。

把绳子置于杆下绕过来，穿过下一束纱线。然后拉动绳子，使每个经纱束产生的张力均匀。

重复该过程，最后将绳子绑在杆上。

提综图

提综图显示某页综框以某种顺序提起，编织的每一个设计都需要提供对应的提综图。在试验或设计不同的方案时，请记下提升综框的顺序，以便绘制新的提综图。

在下面这个举例中，左边的数字是纹样编织的顺序，底部的数字与综框的数量有关。X表示经纱所在综框将被提起，每一横行（格）被称为纬纱，这是一个平纹结构，两根纬纱构成一个循环。

织造时，先提升综框1、3和5，借助钢筘形成开口后将一根纬纱引入；然后综框1、3、5下降，提升综框2、4和6，借助钢筘形成开口后将另一根纬纱引入适当的位置。重复这个过程，将得到一块平纹布，这是织布中最简单的结构。

纬纱排列图

如果在纬纱中使用了不止一种类型或颜色的纱线，那么纬纱排列图将记录纬向编织时每个颜色或每种类型纬纱的根数，以及纬纱中每种颜色的排列。

所用纬纱

所选择的纬纱用绕线器卷绕到筒管上，然后将其放到梭子中。按照提综图的顺序，提起综框并将梭子穿过提起的经纱，使纱线从筒管上退出，埋入织口中。放下综框，打纬使纬纱置于合适的位置，然后依据提综图重复以上动作。尝试在织造时采用规则的打纬节奏，因为打纬不规则将会出现明显的不匀。

有几种类型的梭子，最常见的是船形或滚轴梭。这些梭子能适应大多数纱线，但是如果使用特别粗的纱线，那么棒形梭更方便。

设计者可能需要在规格表上记录织造设计中每厘米/英寸的纬纱数。如果织物已经从织机上取下来，可以用放大镜来观察纬线根数。

提综图

提综顺序							
2		X		X		X	
1	X		X		X		
	1	2	3	4	5	6	综框

纬纱排列图

纱线类型																	
2/30蓝色真丝纱	8						4						2				
2/60橄榄色真丝纱			8						4						2		
2/60白色真丝纱					8						4						2
绸丝纱		1		1		1		1		1		1		1		1	

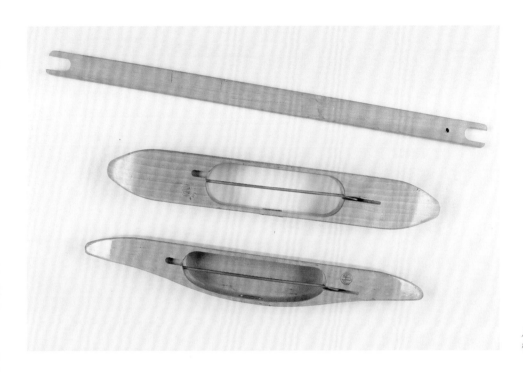

从上到下：棒形梭、滚轮梭、船形梭的正视图

提综相关信息的解释

英式

美式

穿综图   提综图
从左向右   从下往上

穿综图
以右向左   踏板和综框连接的顺序

·提综顺序标注在提综图的侧面

·本段信息应用于台式机、脚踏机或多臂织机

·如果将踏板与综框连接的顺序单独列来
通常可以按下图模式画成

·踏板顺序用于标注那一块踏板将要
被踏下去

·踏板1与综框1和3相连，踏板2
与综框2和4相连，以此类推

或   →踏板→

用于滚轮梭或船形梭的筒管纱线的缠绕

第一步

将筒管牢牢地固定在绕线器的长金属销上。

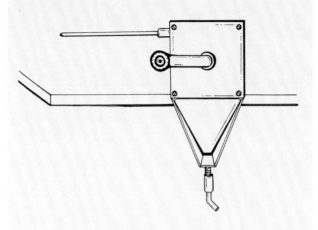

第二步

手工将纱线缠绕在筒管上，缠绕数圈，直至其牢固。

抓住线的一端，手工缓慢地沿顺时针方向缠绕在筒管上。先将纱线卷绕在筒管的一端——但尽量不要靠近边缘，因为织造时，纱线可能会从筒管的端部脱落。从左侧或右侧开始缠绕均可。

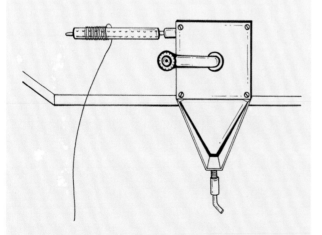

第三步

之后，将另一段纱线缠绕到筒管的另一端。

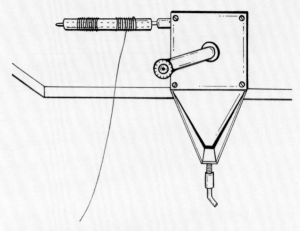

第四步

一旦筒管的两端被纱线缠绕，便可均匀地向中心缠绕，直到形成鱼雷的形状。当操作者经过大量练习后变得更加自信和熟练时，就可以更快地缠绕纱线。

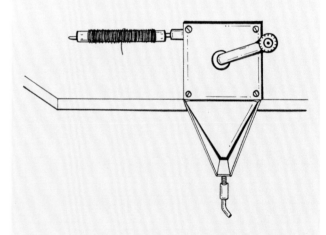

纱线张力：当卷绕筒管时，尽量保持纱线张力的紧致。

◆ 如果纱线缠绕过松，织造时可能会从筒管端部脱落。

◆ 如果纱线缠绕过紧，会因纱线嵌入内层导致织造时无法顺畅地退出。

粗纱：如果纬纱使用特别粗的纱线，将导致无法在筒管上缠绕更多的纱线。因为过于饱满的鱼雷状纱线无法安装在滚轮梭或船形梭中。尝试使用棒形梭，它可以容纳更多的纱线。

后整理细节

完成织造后，可以通过以下方式整理织物：

◆ 蒸汽熨烫

◆ 柔和的手洗

◆ 手工煮练或缩绒

◆ 洗衣机洗涤

◆ 热压、压烫

在开始这个过程前，需要了解一些操作细节。织物下机后，需要分别测量每块织物的宽度和长度，并称重。在后整理的整个过程中重复该过程，这将使操作者能够注意到所发生的任何缩水现象并记录下缩水百分率。如果用机器清洗织物，记录使用的温度和洗涤程序是非常重要的，特别是当使用不同类型的羊毛以及具有弹性和收缩性质的纱线时。

布料的克重

有时会要求设计者提供布料的克重，无论该织物是作为参赛作品展出，或是到纺织厂进行生产。该数据将表示布料的轻薄或厚重程度。

1.测量该织物的长度、宽度并计算面积（长度×宽度=面积）；

2.以克/盎司为单位称量织物重量；

3.计算每平方米/码的克重。

公制计算示例：

10000平方厘米=1平方米

该样品的面积是26厘米×30厘米=780平方厘米

样品重3克

每平方米克重：3/780×10000=38.46克/平方米

所以该样品的克重是38.5克/平方米。

英制计算示例：

1296平方英寸=1平方码

样品的面积是10英寸x 12英寸= 120平方英寸

样品重2盎司

每平方码的克重：2/120×1296=21.6盎司/平方码

所以该样品的克重是21.6盎司/平方码。

染色

如果能对纱线进行染色，那么可以对自己的设计有更多的掌控权。为此需要计算经纱中每种颜色的用纱量。如果第一次染色时没有准备足够的纱线量，那么无论后来操作者多么严格地遵循之前的配方，都不会获得和之前完全一样的颜色或色调。

计算过程：

用经纱长度乘以每种颜色的经纱根数，并加上10%损耗，弥补收缩或断裂带来的损耗。

举例：

红色2/30棉纱：40根×4米/码=160米/码，160米/码×（1+10%）=176米/码

如果纬纱也用该颜色，那么需要额外再增加一定的米/码数。将每厘米/英寸的纬纱根数乘以布的幅宽和该颜色所设计的长度就可以计算得到该颜色纬纱用纱量。每厘米/英寸的纬纱根数取决于所用的织物结构，如果使用相同的纱线，平纹组织的每厘米/英寸的纬纱根数通常与每厘米/英寸的经纱根数基本相等。

以设计时使用一种颜色的纬纱为例：

红色2/30棉纱：16根（纬纱）×25厘米（宽）×30厘米（长）=12000厘米÷100=120米

［40根（纬纱）×10英寸（宽）×12英寸（长）=4800英寸÷36=133.3码］

在设计中使用多种颜色时，根据最初的计算，估计要用的每种颜色的百分比。

如果是处于实验阶段，那么可以依据灵感图判断各个颜色的用纱量。

经纱扎染的平纹织物，其中有少部分经纱是单独缠绕并扎染的

经向浸染织物，底布采用绞纱浸染方法获得的灰色纱用于经、纬向形成格子

用各种染色经、纬纱织成的平纹试验作品展示

灵感来源与视觉效果研究

在开始编织之前，需要做出多项决定，如用什么纱线、用什么组织、哪些颜色以及各颜色的比例？是用单色经纱还是条纹经纱？所需效果是靠肌理、颜色还是两者共同来获得？

考虑这些因素将有助于设计者按照某种功能和目的去开发织物，该设计是实用的还是装饰用的？恰当地选择色彩、纱线和织物结构，是实现漂亮的、令人兴奋的织物设计的重要前提，同时也使整个工艺过程满足织造者的要求。

灵感以多种形式出现，在设计织物时它帮助设计者做出最初的决定。

记录信息

绘画记录了设计者对某个主题最个性化和最原始的反应，因为记录什么并将其开发成机织物，这是每个人自己的选择。所记录的信息可以是图解式的、写实派或写意派的。绘画是人们对面前的那个物质的个性化解读，记录让自己兴奋的事很重要，这也是所记录信息的质量，要有自信！

设计者可以采用任何一种最适合自己的工具或技术手段去实施，这样的解读才可能很好地受到主题的启发。可以用线条、色彩、结构或任何表现形式；可以进行个性化的研究或布局；也可以小规模或大规模地展开工作，或细腻或动感。

拍照是记录灵感的另一种方式，它可以吸引你的注意力帮助你从照片上得到更多的想法，推进项目的进展。当使用相机时，比例、色彩和组成都是要考虑的重要因素。

上图：来自蔬菜的灵感图，以及相关机织物设计作品

下图：来自图书、玩偶的灵感图，同时展示了缠绕的纱线、时装效果图与机织物设计效果

右图：来自自然界物质的灵感图，以及相关机织物设计作品

中左图：马戏灵感与相关机织物设计作品

中右图：来自花卉的灵感图及其设计开发，以及相关机织物设计作品

下图：马戏灵感与相关机织物设计作品

主题和灵感

设计时主题可能会被限定，或者设计者可以自己决定主题。无论如何，选题应该给你灵感，激励你持续不断地去进行尝试并将其转变成织物语言，它将为设计者的机织物开发不断提供信息资源。

这里仅仅是几点建议：

◆ 选择某个对象画图，或许这个对象就是设计者感兴趣的某个物品。

◆ 用收集到的某些物品、花、织物等做个主题集合，这些物品都是由主题联想到的（是与主题相关联的）。

◆ 受到流行或话题性事件启发。

◆ 走出去，采集城市景观或乡村景观的画面。

◆ 观察大自然的形态，寻找那里存在的图案。

◆ 调查研究机器、科学和各种发明，从技术中获得灵感。

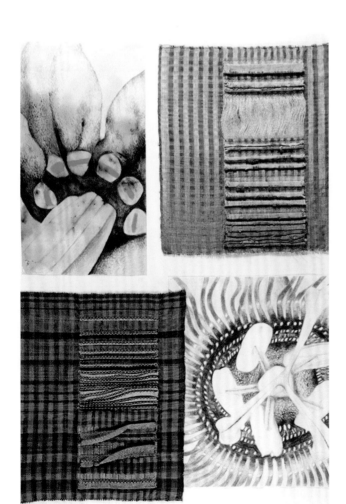

上图：来自花卉的灵感图，以及相关机织物设计作品

下图：来自花卉的灵感图，以及相关机织物设计作品

将画稿转变成机织物的设计方案

当充分地思考了主题，并在织机上进行了实验，那么下一步就该考虑纱线、织物结构、色彩以及成分组成等，设计者的描述将给出确定织物表面质感、色彩、比例、纹样尺寸方案的思路。

通常在一个经轴上可以获得多个设计，设计的数量取决于经纱的长度和宽度。 一般情况下，如果设计的经纱长4米（4码）、宽23厘米（9英寸），则可以获得10个独立的设计方案，每个长30.5厘米（12英寸）。

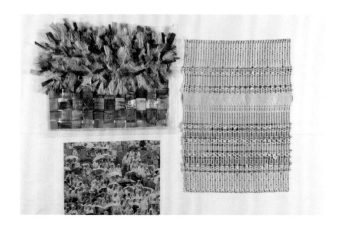

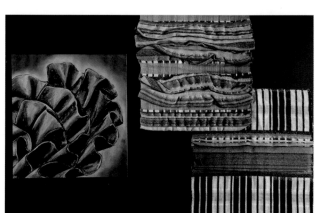

左上图：来自纱线、色彩的灵感图与机织物设计作品

右上图：来自丝带的灵感图与机织物设计作品

左下图：灵感来源于用纸和纱线编织的模拟人群拥挤的场景，以及相关机织物设计作品

右下图：来自荷叶边丝带的灵感图及相关机织物设计作品

图形组成内容

为了帮助设计者在上机前，决定总的经纱排列组成与比例、进行织物组织设计，一个有效的办法就是在速写本的普通纸上或意匠纸（方格纸）上用有色铅笔或喷涂颜料做出设计方案。

一些视觉实验可以让设计者对经纱组成有很深的印象，比如可以用线条或肌理方式模拟出哪个结构可以更好地用来实现设计效果，而且这种方式可以获得多个结构组成以便设计者做出决定。

纱线缠绕法：

在准备经纱之前，有很多方法测试经纱、决定经纱的颜色与组成（质感）等。用下面这样一套方法，尝试不同的色彩比例或不同的纱线组合可以获得多个设计方案，查看彼此相邻的色彩比例，通过引入不同的肌理或线条所产生的效果，都可以帮助设计者选择自己感觉最成功的设计。

◆ 用一长条硬卡片，约5厘米×15厘米（2英寸×6英寸）大小。如果经纱组成较复杂，就用更长的硬卡片。

◆ 选择视觉效果研究时能最好地反映其组合的纱线，它们或粗或细，或光滑或有肌理。

◆ 用丝带替代不可能的颜色或纱线。

◆ 用胶带将第一根纱线在卡纸的反面固定，然后围绕着卡纸缠绕纱线，每根纱线依次相邻。

◆ 当缠绕了足够宽度的纱线后，在反面固定，并以同样的方式按顺序粘贴下一根纱线，直至完成整个设计。

要记住，在卡纸上缠绕的纱线次数并不能代表经轴上的经纱根数，这需要由所选择的纱线计算每厘米或每英寸的纱线根数来决定。

上图：缠绕的纱线与效果图，以及纬向扭曲的机织物设计作品

中、下图：将纱线以分区分段、纵横向交替的方式缠绕，整体设计具有一系列复杂的、多层次的条纹效果

第二章

平纹组织

平纹织物通常非常牢固，因为在平纹结构中经纱和纬纱的交错次数最多、最频繁，从而使经纬纱紧密地交织在一起构成织物。平纹组织是同面结构，由两根经纱和两根纬纱相互交替、上下交错构成一个重复单元。

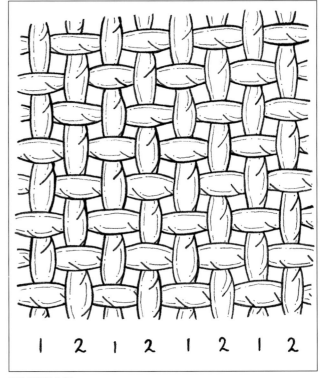

平纹组织结构图

用棉纱做经纱、竹节纱做纬纱，以平纹组织构成的有肌理的布面效果

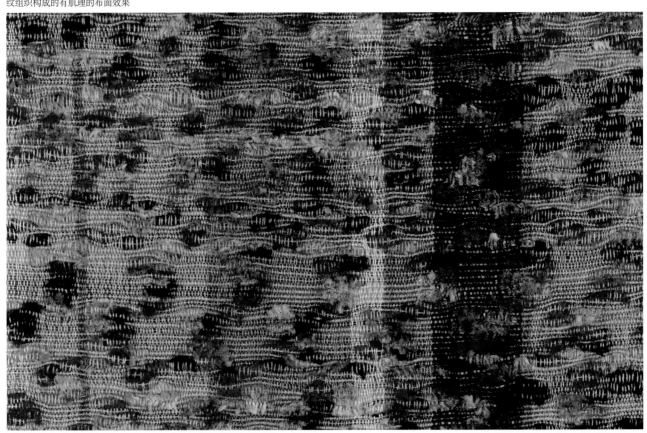

2页、3页、4页综的平纹组织

理论上，织造普通平纹织物只需要两页综框，经纱交替穿入综框1和综框2。织造时，提起综框1，引纬并用钢筘打纬使其就位；然后综框1下降，提起综框2，引入另一根纬纱并用钢筘打纬使其就位。重复这个过程，就可以得到一块平纹织物。

织造一块优质平纹织物，有必要使用4页综框。如果经纱非常细，则每厘米/每英寸将排列大量的经纱，这就意味着综丝在2页综框上会过于拥挤，占据更大的空间，从而限制了综框的提升。这也将引起经纱摩擦和纱线结构松懈，导致经纱磨损或断裂。

通常情况下，如果使用金属综丝，1英寸（2.5厘米）内排列的最多综丝数是24根，在2页综框上每英寸总共有48根综丝，所以在2页综框上可以使用和重复使用的最大经密是48根/英寸［经密（EPI），每英寸（2.5厘米）的经纱根数］。织物密度就是每英寸（2.5厘米）的纱线根数。

2页综的平纹组织

穿综图							提综图		X
								X	
									X
2		X		X		X			X
1	X		X		X		综框	1	2

3页综的平纹组织

穿综图							提综图		X	
								X		X
3			X			X				X
2		X		X		X			X	
1	X			X			综框	1	2	3

4页综的平纹组织

穿综图							提综图		X		X
4			X			X			X		X
3		X			X				X		X
2	X			X				X		X	
1	X			X			综框	1	2	3	4

综框上拥挤的综丝

平纹组织的缺陷

虽然平纹是最简单的织物结构，但是如果要使布面不出现任何缺陷，平纹织物是最难织的布。这是因为没有任何编织图案可以掩盖这些不规则的现象，所以这些瑕疵会异常引人注目。即使穿综、插筘或综框升降规律都没有出现差错，下列任何一个细节都可能导致不良外观的出现。

◆ 不规则的经纱张力，会导致整个幅宽上存在某一根或某一组经纱松弛。

◆ 不规则的打纬会导致布边缘处受到不同程度的钢筘冲击，故织造时尽量保持有规律的打纬节奏。

◆ 在织造细布时，纱线上的结头和纺纱疵点尤为明显。

◆ 经纱和纬纱上存在染色疵点。

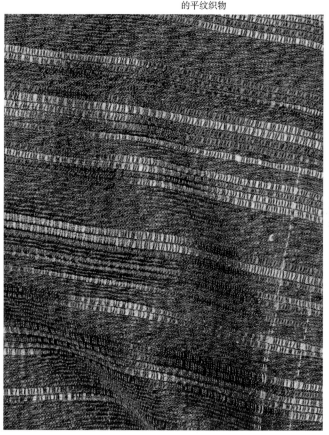

用间断染色的带状纱和花股线织成
的平纹织物

用具有手工圈圈特征的绢丝纱织成
的平纹织物

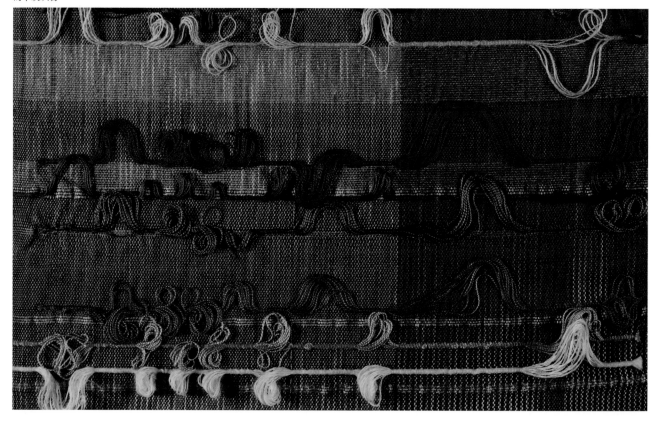

平纹组织的变化效果

平纹组织是最简单的机织物结构，通常是两根经纱为一单元，一上一下交织而成，但是许多变化会产生一系列令人兴奋的设计。

即使经、纬纱仅使用一种类型的纱线进行编织，也可以获得不同克重和不同品质的织物；此外可以引入特殊纱线构建花式条纹或格纹，既可以作为单根经纱使用，也可以获得纹理对比和厚薄对比的局部面积。使用对比色可以带来丰富而独特的条、格纹系列，而浸染和扎染的经纱将产生更复杂的设计和图案。

基本的凸条布

有两种基本类型的凸纹织物：经面和纬面凸纹。前者更多的显示经纱，后者则更多的显示纬纱。

经面凸纹是用高密度的细经纱形成的，每厘米/英寸的经纱数至少是普通平纹布的两倍。纬纱比经纱粗得多，织造时完全被经纱覆盖，最后获得一块硬挺、耐用的布料。如果在线轴上将几根细线缠绕成一根粗纬线，则所获得的织物具有更柔软、更柔韧的效果。由此产生水平方向的凸条。

平纹组织构成的经面凸纹，用8页综、真丝长丝纱织成的颜色交替变化的多条纹织物

对张紧的经纱使用粗糙或较粗的纱线，织造时用细纬纱覆盖经纱，可以形成纬面凸纹。为了使布料更柔软，可以在每个综丝眼中穿过几根细经纱组成的粗纱线，从而获得垂直的纵向凸条。

用棉纱和雪尼尔花式纱织成的纬面
纵向凸条织物

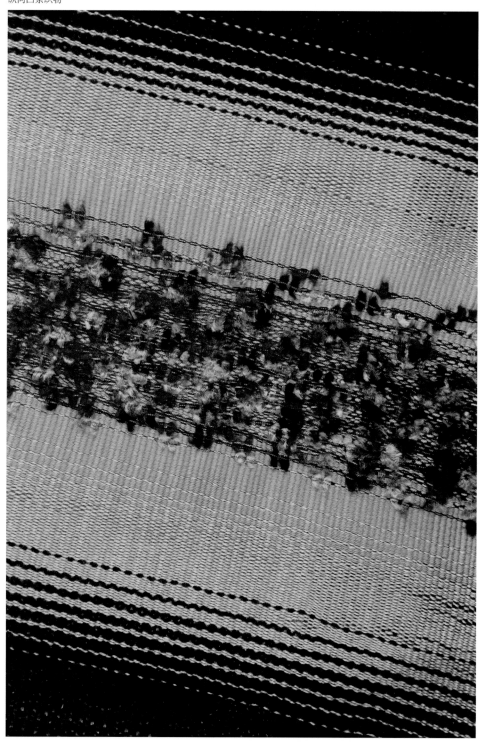

稀密筘

垂直条纹可以通过改变筘齿中的纱线根数来获得。通常，需要计算出每厘米/英寸所用的经纱根数，如果使用较大的经纱密度（每厘米/英寸中纱线根数较多），那么将获得更紧密的织物；如果使用较小的经纱密度（每厘米/英寸中纱线根数较少），那么制成的面料将会比较疏松。为了便于计算出使用的筘号，通常选择一个平均值。

（公制）筘号度量举例：若正常使用织物密度为48根经纱/2.5厘米。

使用12个筘齿/2.5厘米（48筘齿/10厘米）的钢筘，可以采用6根经纱/筘齿（72根经纱/2.5厘米）、5根经纱/筘齿（60根经纱/2.5厘米）、4根经纱/筘齿（48根经纱/2.5厘米）、3根经纱/筘齿（36根经纱/2.5厘米）、2根经纱/筘齿（24根经纱/2.5厘米）或1根经纱/筘齿（12根经纱/2.5厘米）。

若使用16个筘齿/2.5厘米（64筘齿/10厘米）的钢筘，可以采用5根经纱/筘齿（80根经纱/2.5厘米）、4根经纱/筘齿（64根经纱/2.5厘米）、3根经纱/筘齿（48根经纱/2.5厘米）、2根经纱/筘齿（32根经纱/2.5厘米）或1根经纱/筘齿（16根经纱/2.5厘米）等穿筘方式。

（英制）筘号度量举例：若正常使用织物密度为48根经纱/英寸。

12号筘可用于生产经密为72根/英寸（6根经纱/筘齿）、60根/英寸（5根经纱/筘齿）、48根/英寸（4根经纱/筘齿）、36根/英寸（3根经纱/筘齿）、24根/英寸（2根经纱/筘齿）或12根/英寸（1根经纱/筘齿）等规格的织物。

另外，16号筘可用于生产80根/英寸（5根经纱/筘齿）、64根/英寸（4根经纱/筘齿）、48根/英寸（3根经纱/筘齿）、32根/英寸（2根经纱/筘齿）或16根/英寸（1根经纱/筘齿）等规格的织物。

这种变化可以是渐变，也可以是突变，甚至可以是大重复或小重复，因为色彩和纱线质地也可以起到一定的作用，对设计师来说，创新的空间很大。由此获得的织物将具有强烈的视觉冲击力，但因为布的孔洞部分不稳定，该功能可能受到一定的限制。

使用粗糙的、有纹理的或有毛羽的纱线将减少纱线的移动，防止纱线从紧密的区域向稀疏部位滑移，增加孔洞部位的稳定性。使用光滑或有光泽的纱线可能会导致织物中纱线的滑移，从而导致结构的移动和不稳定。

设计时，也可以尝试比正常更多的经纱数/筘齿，然后空几个筘齿。这可能是获得重复纹样最好的做法，因为随意的孔洞看起来像是设计中出现了一系列错误。

平纹和 $\frac{2}{2}$ 斜纹构成的稀密效果结构图

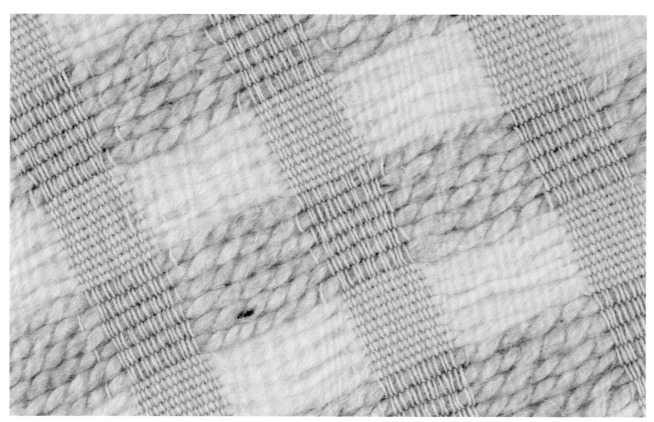

使用棉经、毛纬有规则地间隔稀密
筘织成的作品

渐变式穿筘

4	4	4	4	3	3	3	3	2	2	2	1	1	1	1	1	1	2	2	2	3	3	3	3

有规则的空筘

4	4	4	4	4	4	4	4				4	4	4	4	4	4	4	4			

每个方格中的数字代表每个筘齿中
的经纱数。如果方格是空的，代表
该筘齿不穿经纱

纬向稀路可以通过改变纬密获得，并且是由织布时织口
处钢筘的碰撞力来控制。有规律的控制不容易做到，但可以
获得无规则纬密形成的效果。

为了获得有规则的稀路效果，可以尝试编织过程中，在
正常的纬纱之间插入一根小竹竿、稻草或木棒。当织物织完
从织机上取下来时，这些纬向添加物可以被去除从而在正常
组织之间留下孔隙，然后清洗完成的织物以放松纱线。当稀
路出现时，纱线可能会有少量移动。

使用有规则的经、纬纱空筘，可以获得由孔洞构成的类
似棋盘效果的织物。

方平组织（席纹组织）

　　这是平纹组织基础上的扩展。在此是两根或更多根纱线替代原来的一根纱线，被作为一个单元。如果穿综规律是纱线依次穿过第1、2、3和4页综，那么可以将综框1和2一起提起，然后引入两根纬纱，随后提起第3和第4页综并引入另外两根纬纱。

方平组织结构图

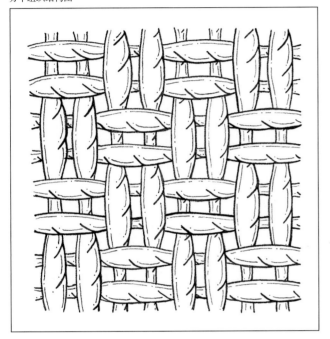

4页综的规则方平组织

穿综图						提综图			X	X
4				X					X	X
3			X				X	X		
2		X					X	X		
1	X				X	综框	1	2	3	4

　　或者，可以在穿综阶段尝试变化获得某种效果，两根或更多根经纱顺序穿在一页综框上，如：1，1，2，2，3，3，4，4。

4页综的规则方平组织

穿综图									提综图	X		X	
4						X	X			X		X	
3				X	X						X		X
2		X	X								X		X
1	X	X							综框	1	2	3	4

　　用两页综也可以变化出有趣的肌理。综框1穿一根经纱，综框2穿两根经纱，交替变化。

2页综的变化方平组织

穿综图							提综图		X
									X
								X	
2		X	X		X	X		X	
1	X			X			综框	1	2

第三章
斜纹组织

斜纹组织有多种多样的变化。虽然所有的斜纹组织都有明显的对角斜纹线，但它们可以依靠经纱和纬纱的粗细、综框数以及穿综图、提综图的设计来改变外观。如果只有几页综框，可以在织物设计中运用对比和移动的手法，创造出奇妙的纹样效果。所用的综框数越多，就会出现更多富有戏剧性变化的花型。

所有的斜纹组织结构都可以通过布面上的对角斜纹线进行识别。该条斜纹线是经向或纬向的浮长线，或呈更复杂纹样的浮长线，又或是由两者的结合而构成。浮线的长度可以从一个斜纹组织变化到另一个，斜纹线可以向左或向右倾斜。

斜纹织物比平纹织物手感更柔软，因为纱线间的交织次数较少，所以织物更活络，并且具有更好的悬垂性。

浮长线

浮长线是由经纱或纬纱连续跨越另一个方向上两根或两根以上纱线形成的。在斜纹和缎纹的组织结构中，浮长线可以跨越15根纱线甚至更多。当使用非常细的纱线时，如以每厘米32根经纱（每英寸80根经纱）的密度编织是可以接受的，并且可以生产出紧密的织物。当使用较粗的纱线时，浮长线所跨越的纱线根数要减少。如果织物编织太松散，即浮线太长，所得织物结构会移动，这就需要改变织物组织或增加每厘米/英寸的经纱数，以获得更紧密的结构。

3页综的斜纹组织

在编织斜纹组织时，至少需要3页综框。在最简单、最基础的斜纹组织中，每一个交织点横向移动一根经纱，纵向向上跨越一根纬纱。

6页综编织的两种斜纹的联合组织织物

3页综顺穿法

穿综图					提综图	A			B		
3			X		X		X	X			X
2		X		X			X	X		X	
1	X			X			X	X	X		
					综框	1	2	3	1	2	3

3页综山形穿综法

穿综图				提综图	A			B			C		
3			X		X		X			X	X		X
2		X	X			X	X		X			X	
1	X				X	X		X			X		
				综框	1	2	3	1	2	3	1	2	3

6页综编织的斜纹与平纹的联合组织织物

在上面这两个例子中，提综图A将形成经面斜纹，因为布面分布着更多的经浮长线；在提综图B中，一个循环的三根经纱中只有一根经纱按顺序提在纬纱上，因此将形成纬面斜纹。

用3页综框顺穿法编织平纹是不可能的，因为重复单元的开始和结束都落在奇数纱上。要解决这个问题，可以使用山形穿综法，让综丝在穿综图中的奇数和偶数综框之间交替变化。提综图C就是用3页综织出的平纹效果。另两个斜纹组织将随着山形穿综图自动翻转，在布面上产生一个之字形的纹样。

4页综编织的$\frac{2}{2}$山形斜纹，经纱上机前分成两部分分别浸染

穿综图

穿综图的英文名称为"Threading plan"或"Draft"，记录了经纱穿综的顺序。有不同的术语来描述其不同的穿综方法。

顺穿法是指经纱按顺序穿在每页综框上。例如有4页综框，穿综顺序是1、2、3、4，然后重复，直到所有经纱都被穿在综框上。因此，在8页综框上，一个循环是从综框1到综框8；在16页综框上，是从综框1到综框16的重复。

山形穿综法是指经纱先顺序穿综，达到最后一页综框后再反向顺序穿过。例如用4页综编织时，其穿综顺序是1、2、3、4、3、2。你可能会注意到第2页综框上的重复经纱。如果穿综时在第1页综框上结束，然后继续第1页综框开始下一个循环，那么在同一综框上会出现两根经纱并列，无疑这是一个明显的错误。所有的山形穿综法都应遵循这一原则，无论是4页综框还是24页综框。

分区穿综法是指几页综框专用于穿一组经纱，另几页综框用于穿第二组经纱，依次第三组、第四组经纱。例如，当使用4页综框时，综框1、2用于第1区，综框3、4用于第2区。每个区中的综框数将由设计的织物所决定。如果可以使用更多页综框，那么就可创建更多的区域。（另见第70页）

斜纹组织的记录与表达

斜纹组织的纹路可以通过数字形式记录下来，第一个数字（分子）表示被综框提起来的经纱数目，第二个数字（分母）表示综框向下运动（或保持不动）即被纬纱覆盖的数目。

例如，在3页综的斜纹组织（P46）中：

◆ 提综图A是一个$\frac{2}{1}$斜纹组织

◆ 提综图B是一个$\frac{1}{2}$斜纹组织

复杂纹样也可以用这种方式记录下来。

分区穿综法举例：分两个区，每区8页综

金属丝和锦纶单丝做经、纬纱交织；采用多个8页综编织的斜纹；穿综分两个区，每区8页综

$\frac{1}{7}$斜纹、平纹和绉组织形成对比效果的块状格纹；经纱为棉纱、纬纱为真丝长丝纱；穿综分两个区，每区8页综

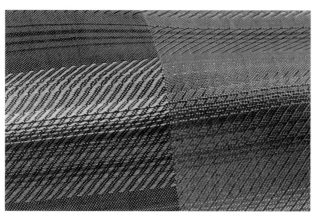

将8页综编织的斜纹和平纹组织并列；穿综分两个区，每区8页综；经、纬纱均为绢丝纱

人字形斜纹、顺穿斜纹与平纹组织联合运用；经、纬纱均为棉纱；穿综分两个区、每区8页综

$\frac{1}{7}$斜纹与$\frac{4}{2}\frac{1}{1}$斜纹形成对比；经、纬纱均为绢丝纱；穿综分两个区，每区8页综

斜纹分区穿综法举例：24页综分三个区，每区8页综

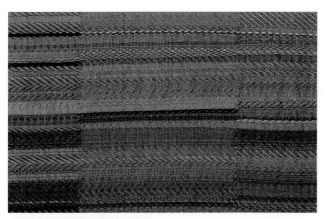

采用多个8页综编织的斜纹与平纹的
联合组织；穿综分三个区，每区8页
综；经、纬纱均为绢丝纱

采用多个8页综编织的斜纹与平纹的
联合组织；穿综分三个区，每区8页
综；经、纬纱均为绢丝纱

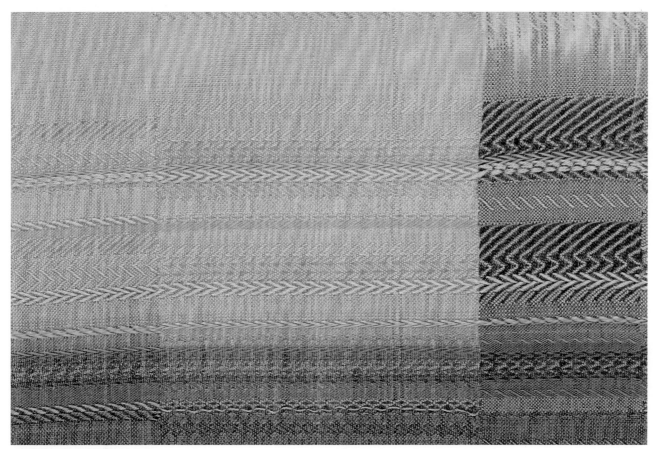

采用多个8页综编织的斜纹与平纹的
联合组织；穿综分三个区，每区8页
综；经、纬纱均为绢丝纱

4页综顺穿的斜纹组织

有几种类型的斜纹组织，均可以用4页综织成，通过经向或纬向的浮长线，形成不同的视觉效果。

1. 同面斜纹

同面斜纹的经浮长和纬浮长相同，所以织物的正面和反面相同。穿综图是用4页综的顺穿法，提综图中两根经纱向上、两根经纱向下，根据纹样中每根纬纱上的规律提综，提综的顺序是综1和综2，接着是综2和综3，然后综3和综4，最后综4和综1。这是一个循环，这种斜纹组织被称为 $\frac{2}{2}$ 斜纹。

如果提综图被翻转，织物会呈现一个纵向的之字形的纹样，在翻转点上经向和纬向的浮长线会更长。

$\frac{2}{2}$斜纹组织结构图

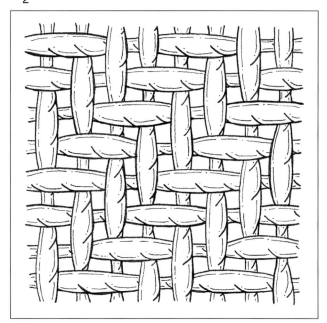

$\frac{2}{2}$斜纹

穿综图								提综图	X			X
4			X				X				X	X
3		X				X				X	X	
2	X				X				X	X		
1	X			X				综框	1	2	3	4

$\frac{2}{2}$山形斜纹

							提综图	X			X
								X	X		
									X	X	
										X	X
								X			X
										X	X
									X	X	
								X	X		
穿综图											
4			X			X				X	X
3		X			X				X	X	
2	X			X				X	X		
1	X			X			综框	1	2	3	4

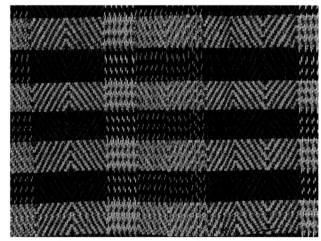

用绢丝织成的 $\frac{2}{2}$ 山形斜纹织物

2. 经面斜纹

经纱在表面占绝对优势的斜纹组织。如果纹样的每一排提起的经纱数量占四分之三，就称为 $\frac{3}{1}$ 斜纹，其顺序是每次提综时3根经纱提起、留下1根经纱。布面上经纱的颜色更为突出。

$\frac{3}{1}$ 斜纹组织结构图

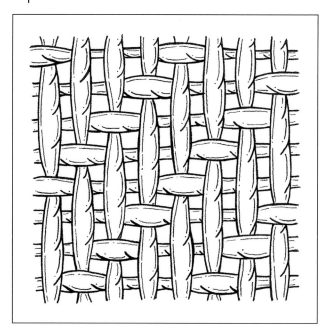

$\frac{3}{1}$ 斜纹

穿综图								提综图	X	X		X
									X	X	X	
										X	X	X
									X	X	X	X
4				X			X		X		X	X
3			X			X			X	X	X	
2		X			X				X	X	X	
1	X			X				综框	1	2	3	4

$\frac{3}{1}$ 山形斜纹

								提综图	X	X		X
									X	X	X	
										X	X	X
											X	X
穿综图												X
4			X		X				X		X	X
3		X				X			X	X	X	
2	X						X		X	X	X	
1	X			X				综框	1	2	3	4

斜纹线的倾斜角度

斜纹线倾斜角度是由组织结构中经纱和纬纱的数量比例所决定。在使用相同粗细的纱线下，当纬纱与经纱比例相等时，将获得一个45°的斜纹线（B）。如果经纱是纬纱数量的两倍，该角度会变平缓（C）；而如果纬纱是经纱数量的两倍，该角度将变陡（A）。

斜纹线角度A（纬纱是经纱数量的两倍）、B（经纬纱数量相同）、C（经纱是纬纱数量的两倍）

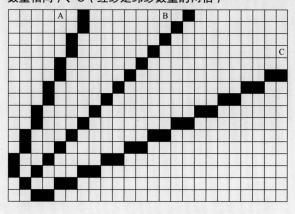

用绢丝织成的 $\frac{3}{1}$ 山形斜纹织物

3. 纬面斜纹

纬纱在表面占绝对优势的斜纹组织。如果纹样的每一行提起的经纱数量占四分之一，就称为 $\frac{1}{3}$ 斜纹。

$\frac{1}{3}$ 斜纹组织结构图

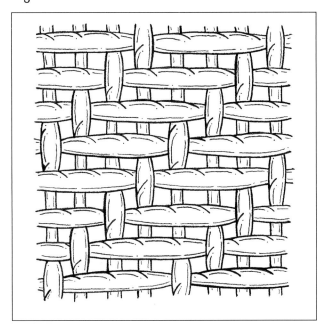

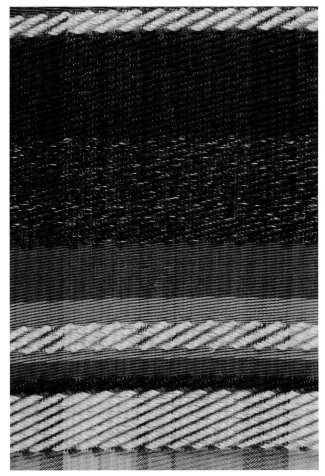

$\frac{1}{3}$ 斜纹

穿综图							提综图				X
4			X			X				X	
3		X			X				X		
2	X			X				X			
1	X			X			综框	1	2	3	4

$\frac{1}{3}$ 山形斜纹

提综图											X
								X			
									X		
										X	
穿综图											X
4			X			X				X	
3		X			X				X		
2	X			X				X			
1	X			X			综框	1	2	3	4

右上图：多个6页综顺穿的斜纹组织联合的织物

右下图：6页综编织的斜纹与平纹组织联合的织物

4. 人字斜纹

这是在 $\frac{2}{2}$ 同面斜纹基础上变化而来，在提综图中进行对称翻转即可。

$\frac{2}{2}$ 人字破斜纹

穿综图								提综图			X		X
4				X		X					X	X		
3			X		X						X		X	
2		X		X									X	X
1	X		X						综框		1	2	3	4

$\frac{2}{2}$ 山形破斜纹

								提综图			X		X
										X			X	
										X	X			
											X	X		
穿综图										X			X	
4			X		X						X	X		
3		X		X							X	X		
2	X		X								X	X		
1	X		X						综框		1	2	3	4

5. 阴影斜纹

如果在提综图上逐渐从纬面斜纹过渡到经面斜纹，再反之，就能设计出一个微妙的阴影效果。每个纹样重复这4个组织，再重复每个纹样可以创造出更加引人注目的效果。

阴影斜纹

	1	2	3	4	组织
	X		X		
		X	X		
		X	X		$\frac{2}{2}$斜纹
	X	X			
	X		X		
		X	X		
	X	X	X		$\frac{3}{1}$斜纹
	X	X			
		X		X	
		X	X		
		X	X		$\frac{2}{2}$斜纹
	X	X			
				X	
			X		
		X			$\frac{1}{3}$斜纹
	X				
	1	2	3	4	综框

多个斜纹组织联合的织物；穿综分两个区，每区8页综

4页综山形穿综法编织的斜纹组织

如果经纱采用山形穿综法上机，可以在布面获得左右对称的山形斜纹纹样。可以使用之前举例中的穿综图，如顺穿法，也可以出现之字形纹样，因为纱线排序不同。

注意：图A、图B中的穿综循环重复在第2页综框上。正如前面所述，如果继续穿到第1页综框上，那么就会有两根经纱并排在同一页综框上，呈现明显的错误。山形穿综时都应该遵循该原理，无论是4页综还是24页综。

图A　4页综的山形穿综法

穿综图						
4				X		
3			X		X	
2		X				X
1	X					

图B　4页综的交替山形穿综法

穿综图										
4				X				X		
3			X						X	
2		X				X				X
1	X				X		X			

图C　4页综的山形穿综法与顺穿法联合

穿综图																					
4				X				X				X				X					X
3			X				X				X				X				X		
2		X				X				X				X				X		X	
1	X				X				X				X				X				

画在纸上的织物组织

组织图，又称“Draw-down”，可帮助设计者理解和看到所设计组织的结构，在纱线上机前有机会在纸上尝试不同的选择。当把不同的穿综图并排在一起时，可能会创造出令人神奇的纹样。

创建一个组织图

需要准备穿综图、提综图，从这开始着手，下面这个例子展示了$\frac{2}{2}$斜纹的4页综顺穿法构建的组织图。

- 假设经纱是黑色纱、纬纱是白色纱。
- 在意匠纸上，从穿综图下方间隔几行的最下方的方格开始，其高度至少与提综图一致，这样才可以完成一个重复循环。
- 在穿综图下方，从最下面的一行开始往上画组织图。
- 依据提综图的第1行规律开始，当经纱所在综框提起时，就在组织图中对应经纱的方格中着色。如当第1和第2页综框提起时，在组织图的第1和第5个方格（从左侧数起）中着色，并与第1页综框上的经纱浮沉规律相对应；接着在第2和第6个方格（从左侧数起）中着色，与第2页综框上的经纱浮沉规律相对应。
- 留下的白色方格代表纬组织点，它们将覆盖没有被综框提起的黑色经纱。
- 再看提综图的第2行和组织图的第2行。图中第2页综框和第3页综框提起，在相应的方格中着色代表经组织点，并以空白的方格代表纬组织点。
- 按顺序继续向上移动，直到完成至少一个重复循环。如果想看到一个更大面积的纹样效果，可以继续往下进行。

4页综顺穿法的$\frac{2}{2}$斜纹上机图

穿综图									提综图	X			X
4				X				X				X	X
3			X				X				X	X	
2		X				X				X	X		
1	X				X				综框	1	2	3	4
设计	■			■	■			■					
			■	■			■	■					
		■	■			■	■						
	■	■			■	■							

4页综山形穿综法的$\frac{1}{3}$斜纹上机图

穿综图											提综图				X
4				X				X						X	
3			X						X				X		
2		X				X				X		X			
1	X				X		X				综框	1	2	3	4
				■				■							
设计			■						■						
		■				■				■					
	■				■		■								
				■				■							
			■						■						
		■				■				■					
	■				■		■								

变化斜纹组织

在穿综图中，干扰或打断穿综规律，可以创建破斜纹或曲线斜纹。所用的综框数越多，获得的纹样就越复杂。接下来的例子都是6页或8页综的穿综图。

破斜纹——在该组织中，穿综图中的斜纹线被中断，按照打断的斜纹线规律穿综，这会在整个设计中呈现一种断痕。如果还想得到一个规则的斜纹纹样，就使用顺穿法。同样的原理也适用于提综图。

曲线或波浪斜纹——该效果的构建方法是变化顺穿法中穿在每片综框上的经纱根数。这个过程中织物结构的稳定性在发生变化，当只有单根经纱在综框中顺穿时，织物是比较紧密的；当多根经纱在同一页综框上重复出现时则会织出较松散的结构，这是因为该组织的浮长线比常规结构更长。此外，也可以在穿筘时，采用稀密筘的方法来创造一种动感（见P41）。

错乱斜纹——穿综图中，斜纹线顺序按规则间隔中断，再按斜纹线顺穿。

反向错乱斜纹——要实现这样的效果，在穿综图中，斜纹线被中断、反转，然后再以正常的顺序继续，直到它再次中断、反转。

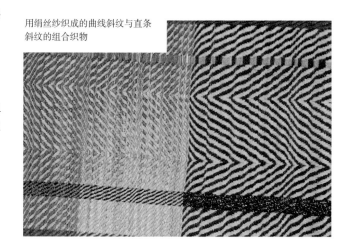

用绢丝纱织成的曲线斜纹与直条斜纹的组合织物

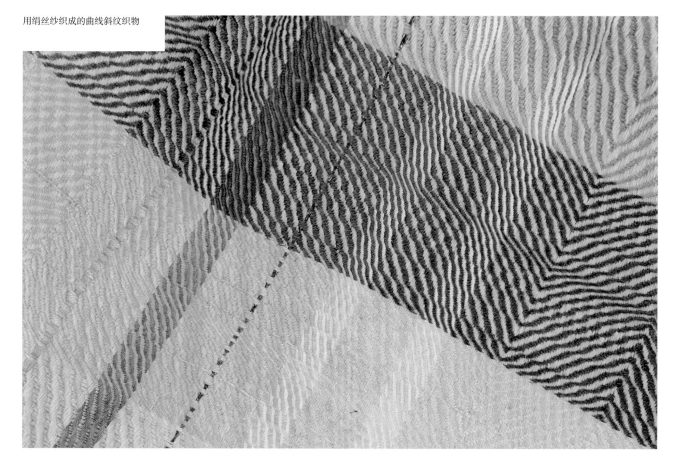

用绢丝纱织成的曲线斜纹织物

6页综的变化斜纹

6页综的破斜纹

$\dfrac{3}{3}$斜纹

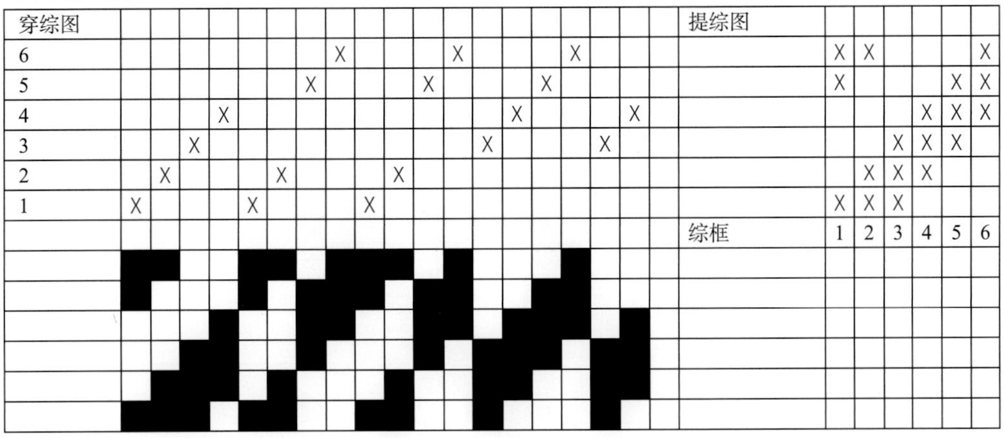

穿综图 ... 提综图

| 综框 | 1 | 2 | 3 | 4 | 5 | 6 |

6页综的曲线斜纹

$\dfrac{3}{3}$斜纹

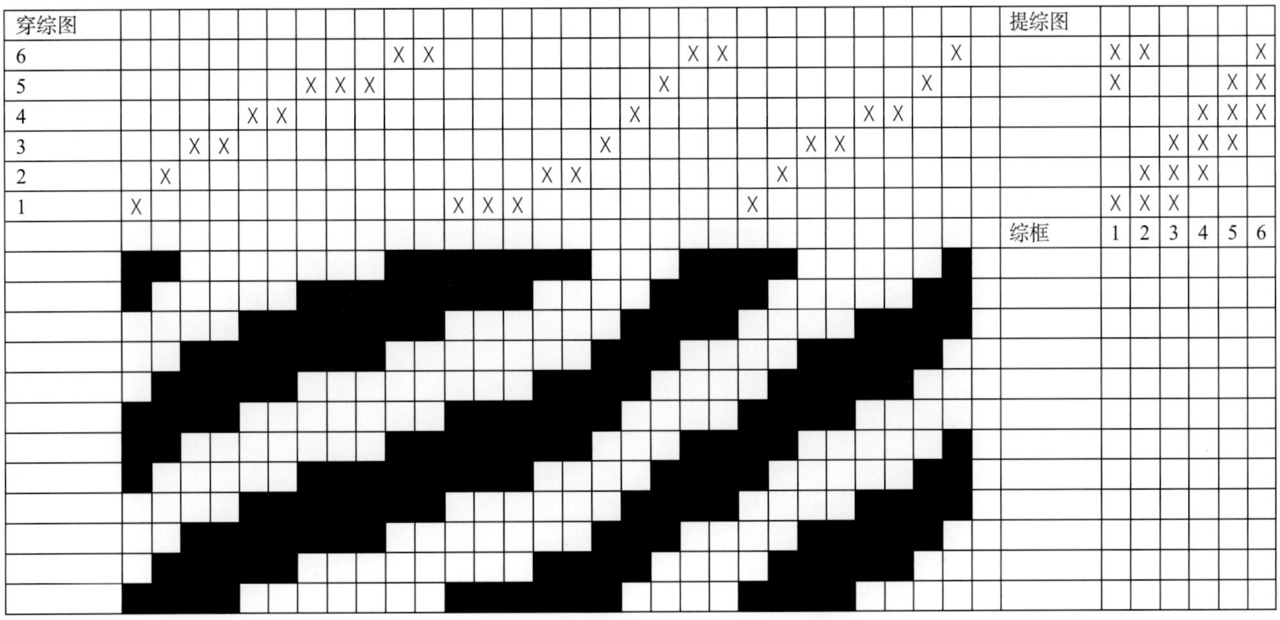

穿综图 ... 提综图

| 综框 | 1 | 2 | 3 | 4 | 5 | 6 |

上面的组织图中呈现了两个循环的$\dfrac{3}{3}$斜纹，即12根纬纱。

6页综的错乱斜纹

$\dfrac{3}{3}$斜纹

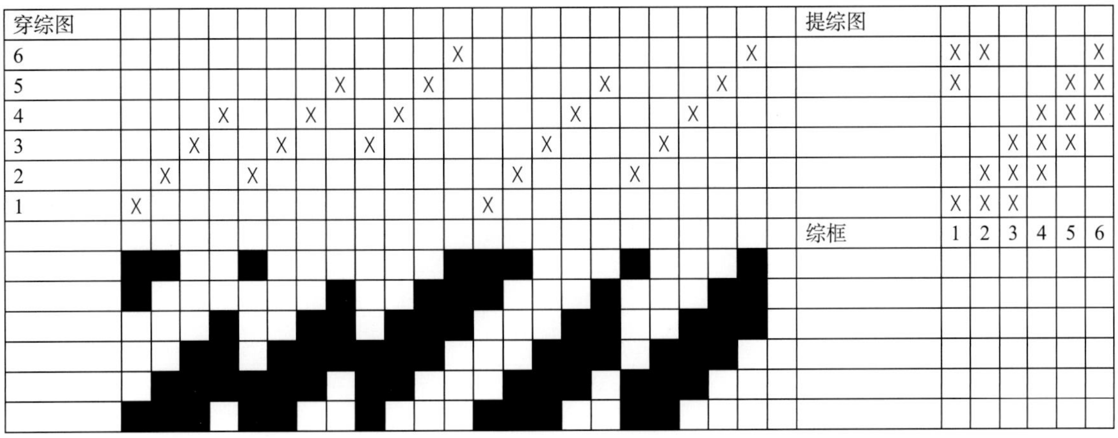

穿综图 ... 提综图

| 综框 | 1 | 2 | 3 | 4 | 5 | 6 |

6页综的反向错乱斜纹

$\dfrac{3}{3}$ 斜纹

穿综图

6							X									X				X		
5					X		X								X			X		X		
4				X		X					X			X		X			X		X	
3			X		X				X		X		X			X		X				X
2		X		X				X				X					X					
1	X					X								X								

提综图

综框	1	2	3	4	5	6
6	X	X				X
5	X				X	X
4				X	X	X
3			X	X	X	
2		X	X	X		
1	X	X	X			

上面的组织图中呈现了两个循环的 $\dfrac{3}{3}$ 斜纹，即12根纬纱。

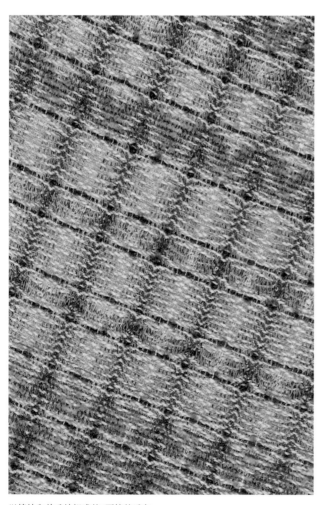

以棉纱和羊毛纱织成的6页综的反向
错乱斜纹织物

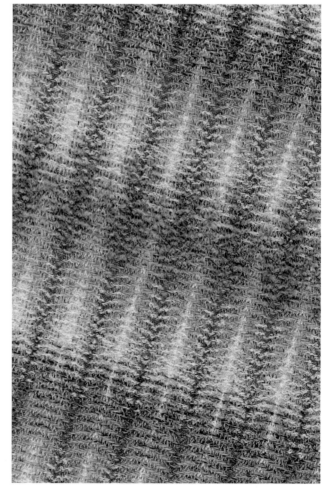

以棉纱和羊毛纱织成的6页综的反向
错乱斜纹织物

$\frac{1}{5}$斜纹

	1	2	3	4	5	6
					X	
				X		
			X			
		X				
	X					
X						

$\frac{2}{4}$斜纹

	1	2	3	4	5	6
				X		
			X	X		
		X	X			
	X	X				
X	X					
X					X	

$\frac{3}{3}$斜纹

	1	2	3	4	5	6
				X	X	X
			X	X		X
		X	X	X		
	X	X	X			
X	X	X				
X	X					X

两个$\frac{3}{3}$斜纹在纬向交替穿插（a和b）

	1	2	3	4	5	6
b			X	X	X	
a	X	X				X
b	X	X	X			
a	X				X	X
b				X	X	X
a				X	X	X
b			X	X	X	
a	X	X				X
b	X	X	X			
a	X				X	X
b				X	X	X
a	X	X	X			

$\frac{4}{2}$斜纹

	1	2	3	4	5	6
X	X	X			X	
X	X			X	X	
X			X	X	X	
		X	X	X	X	
	X	X	X	X		
X	X	X	X			

$\frac{5}{1}$斜纹

	1	2	3	4	5	6
X	X	X	X		X	
X	X	X		X		X
X	X		X	X	X	
X		X	X	X	X	
	X	X	X	X	X	
X	X	X	X	X		

$\frac{2}{1}\frac{1}{2}$斜纹

	1	2	3	4	5	6
		X			X	
				X	X	X
	X			X	X	
		X	X			
X	X					
X				X		

$\frac{1}{1}\frac{1}{3}$斜纹

	1	2	3	4	5	6
	X				X	
X				X		
		X		X		
	X		X			
X		X				

$\frac{3}{1}\frac{1}{1}$斜纹

	1	2	3	4	5	6
X	X		X	X	X	
X				X	X	X
		X	X	X		
X	X	X				
X	X				X	

人字斜纹

	1	2	3	4	5	6
				X	X	X
			X	X		
		X	X		X	
	X			X	X	
			X	X		
X			X	X	X	

$\frac{3}{3}$斜纹组织结构图

两个$\frac{3}{3}$斜纹组织在纬向交替穿插并变化颜色

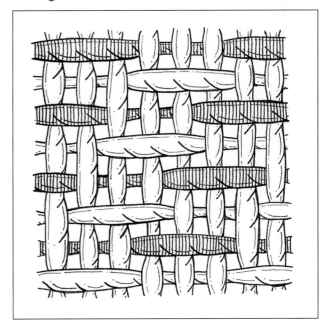

6页综的单一斜纹或组合斜纹实例

$\frac{1}{5}$斜纹与平纹的联合组织织物

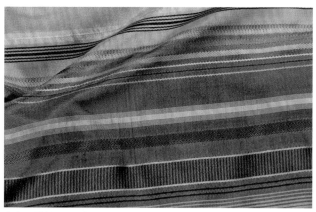

多个6页综斜纹的联合组织织物

多个6页综编织的斜纹与平纹的联合组织织物

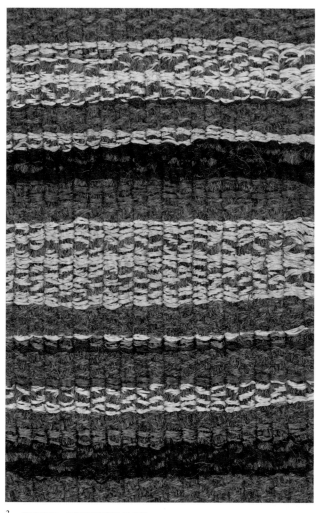

$\frac{3}{3}$斜纹织物，用较细的真丝长丝纱
做纬纱、较粗的毛纱做经纱，以变
形的结构产生花式纱的效果

真丝长丝纱、绢丝纱和毛纱织成的
$\frac{1}{5}$斜纹与人字斜纹的联合组织织物

真丝长丝纱、绢丝纱和毛纱织成的
$\frac{1}{5}$斜纹织物

毛纱与真丝长丝纱织成的人字斜
纹、平纹与$\frac{1}{5}$斜纹的联合组织织物

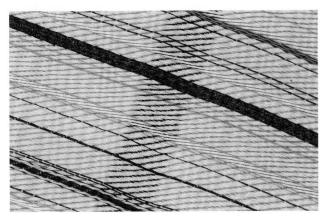

真丝长丝纱、绢丝纱和毛纱织成的
$\frac{1}{5}$斜纹织物

棉纱与毛纱织成的$\frac{1}{5}$斜纹织物

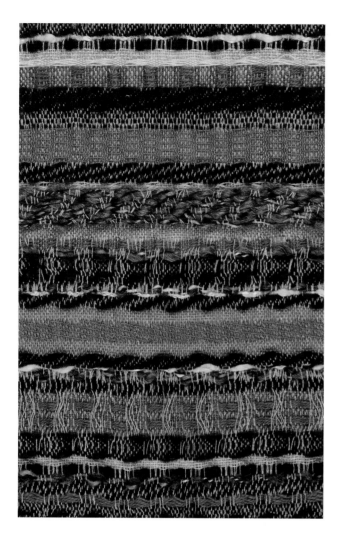

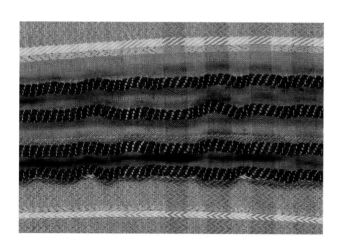

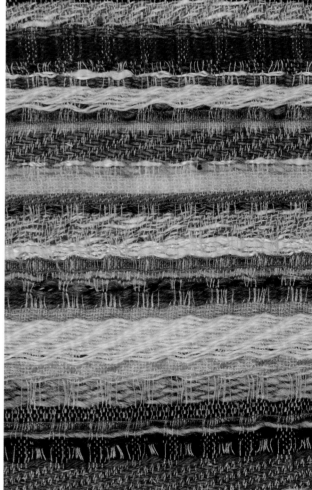

左图： 以棉纱做经纱、各种毛纱做纬纱织成的6页综的斜纹组织组合织物

左下图： 包括 $\frac{1}{5}$ 和 $\frac{3}{3}$ 在内的6页综的斜纹与平纹的联合组织织物，较粗的毛纱用在 $\frac{1}{5}$ 斜纹处，引起较细的棉经纱收缩，布面扭曲形成自然的褶裥，该现象在织物下机后更明显

右下图： 以棉纱做经纱、各种毛纱做纬纱织成的多个6页综的斜纹组织联合织物

8页综的变化斜纹组织

8页综的曲线斜纹

$\dfrac{3}{2}\dfrac{1}{2}$斜纹

穿综图 ... 提综图

8页综的反向错乱斜纹

$\dfrac{3}{2}\dfrac{1}{2}$斜纹

穿综图 ... 提综图

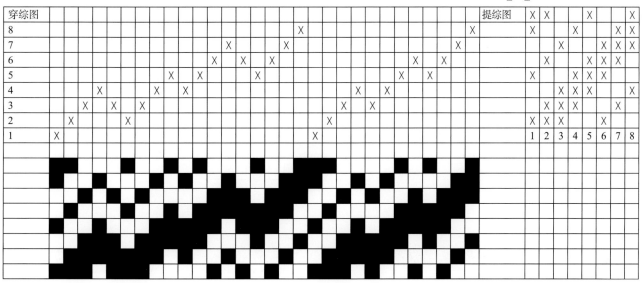

$\dfrac{1}{7}$斜纹　　$\dfrac{2}{6}$斜纹　　$\dfrac{3}{5}$斜纹

$\frac{4}{4}$斜纹

1	2	3	4	5	6	7	8
X	X	X					X
X	X					X	X
X					X	X	X
				X	X	X	X
			X	X	X	X	
		X	X	X	X		
	X	X	X	X			
X	X	X	X				
1	2	3	4	5	6	7	8

$\frac{5}{3}$斜纹

1	2	3	4	5	6	7	8
X	X	X	X				X
X	X	X				X	X
X	X				X	X	X
X				X	X	X	X
			X	X	X	X	X
		X	X	X	X	X	
	X	X	X	X	X		
X	X	X	X	X			
1	2	3	4	5	6	7	8

$\frac{6}{2}$斜纹

1	2	3	4	5	6	7	8
X	X	X	X	X			X
X	X	X	X			X	X
X	X	X			X	X	X
X	X			X	X	X	X
X			X	X	X	X	X
		X	X	X	X	X	X
	X	X	X	X	X	X	
X	X	X	X	X	X		
1	2	3	4	5	6	7	8

$\frac{7}{1}$斜纹

1	2	3	4	5	6	7	8
X	X	X	X	X	X		X
X	X	X	X	X		X	X
X	X	X	X		X	X	X
X	X	X		X	X	X	X
X	X		X	X	X	X	X
X		X	X	X	X	X	X
	X	X	X	X	X	X	X
X	X	X	X	X	X	X	
1	2	3	4	5	6	7	8

$\frac{1\ 1}{1\ 5}$斜纹

1	2	3	4	5	6	7	8
	X						X
X						X	
					X		X
				X		X	
			X		X		
		X		X			
	X		X				
X		X					
1	2	3	4	5	6	7	8

$\frac{1\ 1\ 3}{1\ 1\ 1}$斜纹

1	2	3	4	5	6	7	8
	X		X	X	X		X
X		X		X		X	
	X			X		X	X
X		X			X		X
X	X		X			X	
	X	X		X			X
X		X	X		X		
	X		X	X		X	
1	2	3	4	5	6	7	8

$\frac{3\ 1}{2\ 2}$斜纹

1	2	3	4	5	6	7	8
X	X		X				X
X			X		X	X	
		X			X	X	X
X			X	X	X		X
X	X			X	X	X	
	X	X			X	X	X
X		X	X			X	X
X	X		X	X			X
1	2	3	4	5	6	7	8

$\frac{2\ 4}{1\ 1}$斜纹

1	2	3	4	5	6	7	8
X		X	X	X	X		X
X	X		X	X	X	X	
	X	X		X	X	X	X
X	X		X	X		X	X
X	X	X		X	X		X
X	X	X	X		X	X	
	X	X	X	X		X	X
X		X	X	X	X		X
1	2	3	4	5	6	7	8

$\frac{5\ 1}{1\ 1}$斜纹

1	2	3	4	5	6	7	8
X	X	X	X		X		X
X	X	X	X	X		X	
X		X	X	X	X	X	
	X		X	X	X	X	X
X		X		X	X	X	X
X	X		X		X	X	X
X	X	X		X		X	X
X	X	X	X		X		X
1	2	3	4	5	6	7	8

当设计规则斜纹时，要保证组织图或提综图上下和左右两侧的连续，这样斜纹线就不会间断，无论用多少页综编织都适用。

在意匠纸上画组织图或提综图时，在垂直和水平方向上都要保持连续，以保证斜纹线不间断。提起的综框数和未提起的综框数加起来是所用的总综框数。

8页综的斜纹织物实例

绢丝纱和真丝长丝纱分别做经、纬纱，包括$\frac{1}{7}$斜纹和$\frac{4}{4}$斜纹在内的8页综斜纹组织联合织物

绢丝纱和真丝长丝纱分别做经、纬纱，包括$\frac{1}{7}$斜纹和$\frac{4}{4}$斜纹在内的8页综斜纹组织联合织物

用8页综、山形穿综法织成的多个斜纹组织联合织物

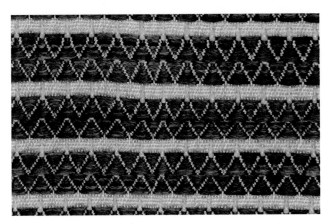

用8页综、山形穿综法织成的$\frac{1}{7}$斜纹织物，棉做经纱、黏胶纤维做纬纱

顺穿法织成的$\frac{1}{7}$斜纹织物，纯羊毛样品

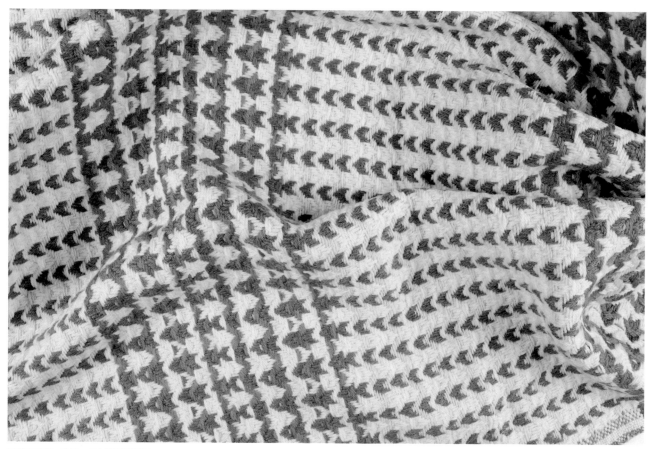

以羊毛做经、纬纱，用山形穿综法织
成的 $\frac{4}{4}$ 斜纹织物

以羊毛做经、纬纱，用山形穿综法织
成的 $\frac{4}{4}$ 斜纹织物的细节放大

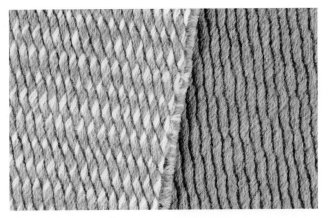

以羊毛做经、纬纱织成的$\frac{7}{1}$斜纹织物的正反面

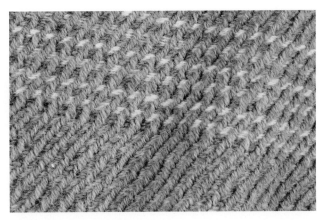

以羊毛做经、纬纱织成的$\frac{4}{4}$斜纹织物

锦纶单丝做经纱、彩色透明的金银丝做纬纱，$\frac{1}{7}$斜纹与平纹并列使用的联合组织织物

锦纶单丝做经纱、彩色透明的金银丝做纬纱，$\frac{4}{4}$斜纹与平纹并列使用的联合组织织物

上图：棉纱做经纱、真丝长丝纱做纬纱，$\frac{1}{7}$斜纹与平纹对比使用的联合组织织物，产生一种光泽感

下图：以真丝长丝纱做经纱、亚麻纱做纬纱织成的$\frac{1}{7}$斜纹织物

16页综山形穿综法编织的斜纹实例

以棉纱做经、纬纱，用16页综、山形穿综
法织成的多种斜纹组织联合织物

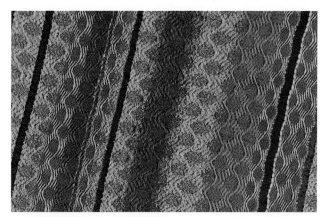

经面与纬面斜纹对比、组合而成的纹样

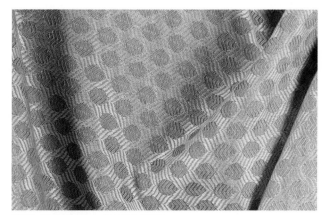

经面与纬面斜纹对比、组合而成的纹样

复合斜纹组织

在编织6页或8页综的斜纹时，可以在整个织物设计中仅重复一个组织纹样，或者将多种组织联合，横向两个组织对比将形成横条纹。然而，如果有足够多的综框，就可以将不同的斜纹组织并列配置，创建棋盘格子的纹样效果。设计织物时，采用不同经、纬纱的颜色或采用不同纹理和光滑度的纱线将获得多变的和对比的效果。如果要将两个不同的织物组织并列，则需要使用分区穿综法。

分区穿综法

分区穿综法又称"Draft"，将使用的所有综框分成2个、3个区，在某些情况下可能还需要分成4个区，这取决于织机上的综框数量。每个区域最少需要2页综框，但在织斜纹组织时，至少需要3页综框。一定数量的经纱穿在某几页综框上，通常按顺序用顺穿法穿在综框上，当然也可以使用其他复杂的组合来实现更有趣的效果。

下面这个例子采用8页综织造，其中区域1使用综框1至综框4，区域2使用综框5至综框8。穿综图中每个区重复的次数取决于所用纱线的粗细和纹样尺寸。当然，操作者可以在设计的任何位置改变纹样宽度，以获得更复杂的结构。最好先在纸上画出设计图，这样就可以判断哪种比例效果最好。

任何4页综的组织都可以组合使用。在下面这个例子中采用 $\frac{3}{1}$ 斜纹与 $\frac{1}{3}$ 斜纹对比，可以产生一种经面斜纹与纬面斜纹对比的效果。平纹组织也可以与其他组织一起使用，当织造一个比较松散的组织（如斜纹）时，将平纹组织围绕在格子纹样周围会形成曲线效果。这是因为纱线从一个交织频繁的、比较紧密的平纹组织向另一个相对比较松散的斜纹组织过渡时，就会产生扭曲。

8页综、分区穿综法编织的复合斜纹组织上机图

穿综图									提综图		X	X	X				X
8							X		X		X	X	X			X	
7						X		X			X	X		X			
6					X			X			X		X	X	X		
5				X			X				X		X	X	X		
4			X		X						X		X	X	X	
3		X			X						X	X	X		X	
2	X			X						X		X	X		X	
1	X			X					1	2	3	4	5	6	7	8

组织图

16页综、分区穿综法、每区8页综编织的斜纹织物实例

$\frac{1}{7}$斜纹、平纹与绉组织形成的
对比结构的格纹；棉纱做经纱、
真丝纱做纬纱；分两个区穿综、
每区8页综

$\frac{1}{7}$斜纹与$\frac{7}{1}$斜纹组织形成的纵
条纹；棉纱做经纱、真丝纱做纬
纱；分两个区穿综、每区8页综

$\frac{1}{7}$斜纹与平纹组织并列；彩条
棉纱做经纱、真丝纱做斜纹处纬
纱，形成光亮效果；分两个区穿
综、每区8页综

$\frac{1}{7}$斜纹与平纹组织并列；棉纱
做经纱、真丝纱做斜纹处纬纱，
形成光亮效果；分两个区穿综、
每区8页综

经面和纬面缎纹组织

经面和纬面缎纹组织都有很好的光泽，纱线越细，织物越华丽。这两种组织织物都有柔软的手感，也很柔韧，而且由于纱线排列的密度很大，色彩聚集，更引人注目。

缎纹结构是通过打破斜纹组织的斜纹排列顺序形成的。不像斜纹有独特的对角斜纹线，缎纹通常有着连续的布面效果。经、纬纱的交织点被称为"Stitches"，这些组织点并非随机分布，而是以某种无方向感的规律排列。由于它们被经纱或纬纱的浮长线不同程度地遮掩了，常常看不见纱线的交织点。若采用顺穿法穿综，可以用4页综编织经面缎纹，但用5、6、7、8、10、12、16页或更多页综将有更好的编织效果。

采用分区穿综法，可以把两个组织联合起来，形成经面与纬面组织的对比。再尝试以水平和垂直的方式搭配颜色，可以得到更加激动人心的效果。

经面缎纹或纬面缎纹的编织小技巧

◆ 当编织经面缎纹时，上机前的准备时间更长。经纱数量的增加意味着需要更长的穿综时间。

◆ 当编织纬面缎纹时，上机前的准备时间较短，因为经纱密度较低，这样纬纱可以完全覆盖经纱。然而由于是纬面织物，所以需要更长的编织时间。操作者可以很容易地打紧纬纱，使得每厘米/英寸的纬纱根数更多，达到所需要的密度。

◆ 一旦设计了经面缎纹，无论经纱是单一颜色还是条纹，经纱颜色总能始终保持，因为经纱很密集，很难被遮掩或被改变颜色。

◆ 如果编织纬面缎纹，设计者可以通过纬纱来变化织物的颜色。

◆ 如果想获得不同比例和不同颜色组合的经面缎纹，但又不想为每个单独的设计重新妆造织机，可以通过将经向变为纬向来实现。即以正常的密度设置经纱，将设计效果织成纬面缎纹。一旦织造完成，再将每个设计分开，旋转90°使纬纱变为经纱。这就是通常所说的经纬颠倒的组织设计方法。

经密设置

每厘米/英寸的经纱根数被称为"Sett"，用来描述机织物的经向密度。

◆ 常规的织物经密是基于平纹组织结构而言的。

◆ 当一块织物设置较大的经密时，由于比正常编织的平纹织物密度大，该织物中的纱线靠得更紧。这种情形通常用于斜纹或缎纹，这里经浮线构成了织物表面效果。

◆ 当一块织物设置较疏松的经密时，每厘米/英寸的经纱数较少，该情形可用于纬面凸条组织，以便纬纱覆盖经纱。

当设计疏松的或紧密的织物时，这三种结构都会涉及。

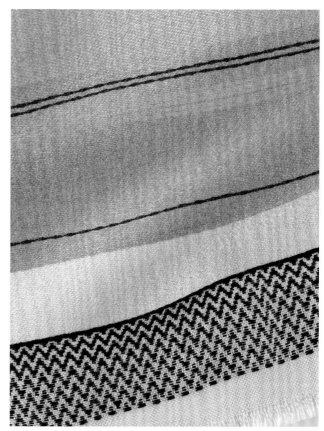

经面缎纹与山形斜纹的组合

经面缎纹

这是一种经面组织，布面由经浮长线构成。需要设置较大的经密以保证织物的质量，如果设置成平纹的密度，缎纹织物结构会过于松散。因此应该在正常织物的基础上增加每厘米/英寸经纱根数。当计算经面缎纹的经密时，如果所选择的纱线密度通常设置在20根/厘米（48根/英寸），那么应该至少再增加原有根数的一半，达到30根/厘米（72根/英寸）。若为了使织物更有光泽，密度则应该加倍，达到40根/厘米（96根/英寸）。

如果要在布面设计缎纹组织的纵条纹效果，而且与组织点交织频繁的平纹结合，则需要两种不同的经向张力。使用两个经轴，每种经向张力由一个经轴控制。这是因为平纹组织的面积将会比缎纹组织的增长速度快，若不这样操作可能会导致相邻的纱线松散、无法控制。平纹部分应该设置正常的密度。

经面缎纹与平纹组织并列对比形成的纵条纹将产生凸起效果，这是因为紧密的平纹结构会向松散的缎纹结构移动。

经纬颠倒

这个术语用于描述一种经纬被颠倒织造的织物。最初它在纬向进行设计编织，当布下机后，纬向旋转90°。这种方式可以进行任何条纹组合的尝试，在一个经轴上实现灵活、多变的设计，在纱线选择、组织结构、色彩、比例和尺寸上均没有限制。

经面缎纹的提综图

4枚经面缎纹

穿综图					提综图	X	X		X
4				X			X	X	X
3			X			X		X	X
2		X				X	X	X	
1	X				综框	1	2	3	4

6枚经面缎纹

穿综图							提综图	X	X	X		X	X
6						X		X	X	X	X	X	
5					X			X	X	X		X	X
4				X				X		X	X	X	X
3			X					X	X	X	X		X
2		X						X	X		X	X	X
1	X						综框	1	2	3	4	5	6

8枚经面缎纹

穿综图									提综图	X	X	X	X	X		X	X
8								X		X	X		X	X	X	X	X
7							X			X	X	X	X	X	X	X	
6						X				X	X	X	X	X		X	X
5					X					X		X	X	X	X	X	X
4				X							X	X	X	X	X	X	X
3			X							X	X	X	X	X	X		X
2		X								X	X	X		X	X	X	X
1	X								综框	1	2	3	4	5	6	7	8

8枚经面缎纹组织结构图

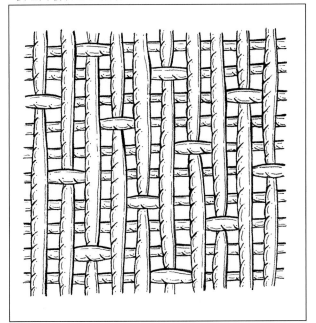

12枚经面缎纹

12									X	提综图	X	X	X	X	X	X	X			X	X	X	X
11								X			X	X		X	X	X	X	X	X	X	X	X	X
10							X				X		X	X	X	X	X	X	X		X	X	X
9						X					X	X	X	X	X	X	X	X	X	X	X	X	X
8					X						X	X	X	X	X	X	X	X		X	X	X	X
7				X							X	X	X		X	X	X	X	X	X	X	X	X
6			X								X		X	X	X	X	X	X	X			X	X
5		X									X	X	X	X	X		X	X	X	X	X		X
4	X										X	X	X		X	X	X	X	X	X	X		X
3		X									X	X	X	X	X	X	X	X		X			X
2	X										X	X	X	X	X			X	X	X	X		X
1	X											X	X	X	X	X	X	X	X	X	X		X
综框											1	2	3	4	5	6	7	8	9	10	11	12

5枚经面缎纹   7枚经面缎纹   10枚经面缎纹

1	2	3	4	5

1	2	3	4	5	6	7

1	2	3	4	5	6	7	8	9	10

16枚经面缎纹

1	2	3	4	5	6	7	8	9	10	11	12	13	14	15	16

经面缎纹织物实例

用真丝短纤维和真丝长丝纱织成的经面缎纹与山形斜纹的组合织物

用真丝短纤维和真丝长丝纱织成的经面缎纹与山形斜纹的组合织物

用真丝短纤维和真丝长丝纱织成的、经面与纬面缎纹组合的格纹织物

用真丝短纤维和真丝长丝纱织成的、经面与纬面缎纹组合的格纹织物

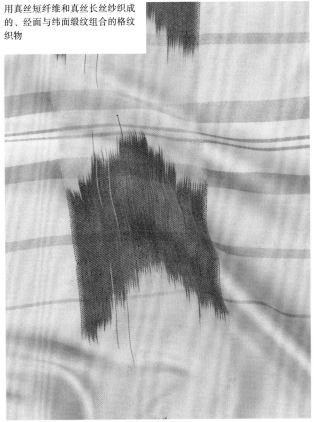

纬面缎纹

这是一种纬面组织，布面上纬纱以绝对优势遮盖经纱。经纱密度设置正常，以便纬浮长遮盖经纱。

纬面缎纹的提综图

4枚纬面缎纹

穿综图					提综图				
4				X				X	
3			X						X
2		X					X		
1	X					X			
					综框	1	2	3	4

6枚纬面缎纹

穿综图							提综图						
6						X					X		
5					X								X
4				X					X				
3			X									X	
2		X								X			
1	X							X					
							综框	1	2	3	4	5	6

8枚纬面缎纹

穿综图									提综图								
8								X							X		
7							X				X						
6						X											X
5					X									X			
4				X							X						
3			X													X	
2		X											X				
1	X									X							
									综框	1	2	3	4	5	6	7	8

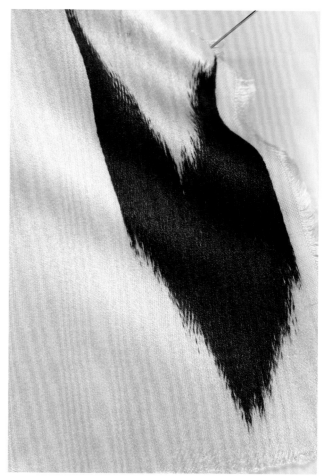

以部分扎染纱织成的纬面缎纹织物

12枚纬面缎纹

穿综图 (straight draw):

	1	2	3	4	5	6	7	8	9	10	11	12
12											X	
11										X		
10									X			
9								X				
8							X					
7						X						
6					X							
5				X								
4			X									
3		X										
2	X											
1												

提综图 (lifting plan):

	1	2	3	4	5	6	7	8	9	10	11	12
12								X				
11					X							
10											X	
9						X						
8												X
7							X					
6			X									
5										X		
4				X								
3											X	
2						X						
1	X											
综框	1	2	3	4	5	6	7	8	9	10	11	12

5枚纬面缎纹

			X	
	X			
		X		
X				
				X
1	2	3	4	5

7枚纬面缎纹

			X			
					X	
X						
		X				
						X
	X					
				X		
1	2	3	4	5	6	7

10枚纬面缎纹

						X			
							X		
								X	
		X							
			X						
X									
									X
				X					
	X								
					X				
1	2	3	4	5	6	7	8	9	10

16枚纬面缎纹

				X											
									X						
			X												
								X							
		X													
	X														
						X									
															X
					X										
													X		
							X								
				X											
											X				
		X													
					X										
X															
1	2	3	4	5	6	7	8	9	10	11	12	13	14	15	16

以真丝短纤维和真丝长丝纱织成
的、经面与纬面缎纹组合的格纹
织物

以真丝短纤维和真丝长丝纱织成
的、经面与纬面缎纹并列的织物正
反面

以真丝短纤维和真丝长丝纱织成
的、经面与纬面缎纹组合的格纹
织物

以真丝短纤维和真丝长丝纱织成
的、经面与纬面缎纹组合的格纹
织物

第四章

色纱与织物组织的配合

色纱和织物组织结合时，最简单的方式就是选择两种对比色、运用基本的4页综编织的组织结构，如平纹或斜纹，就可以获得色彩与织物组织结合的效果。无论是经、纬纱排列顺序不同还是织物组织结构不同，常常会获得完全不同的织物外观纹样。这是因为组织结构往往会破坏经、纬方向上色彩的连续性。

用色纱使组织结构可视化

通过一些简单的练习就可以让设计者看到在使用某种特定的组织结构时色彩设计所产生的效果。这样便于设计者在编织之前先把设计效果做出来。

用条形薄纸或缎带编织

◆ 选用相同宽度和长度、对比色的条形薄纸或缎带。如尺寸均为1×15厘米（3/8×6英寸）、浅色与深色对比，可以显示较强烈的图案效果。

◆ 设计经向条纹织物。异经织物——不同颜色的经纱1隔1交替排列或2隔2交替排列（2浅、2深；3浅、3深；4浅、4深等），每个实验都用相同比例，这将帮助设计者更容易理解整个过程。

◆ 按照事先设计好的经纱顺序将条形薄纸或缎带用大头针别在或用胶带粘在一张卡纸上。

◆ 基于4页综顺穿法开始工作。为了便于操作，最好在每一条纸带或缎带顶部编号。

◆ 另外用相同颜色的纸带或缎带作为纬纱，尝试下列某一组织结构——平纹、方平组织、$\frac{2}{2}$斜纹、$\frac{1}{3}$斜纹或$\frac{3}{1}$斜纹。

◆ 用不同顺序、间隔变色的纬纱进行试验，如1隔1或2隔2等。

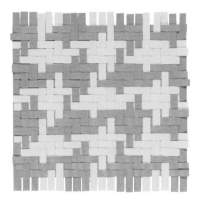

1 2 3 4 1 2 3 4 1 2 3 4 1 2 3 4 1 2 3 4

$\frac{2}{2}$斜纹，纬纱3隔3双色交替排列

1 2 3 4 1 2 3 4 1 2 3 4 1 2 3 4 1 2 3 4

平纹，纬纱2隔2双色交替排列

1 2 3 4 1 2 3 4 1 2 3 4 1 2 3 4 1 2 3 4

$\frac{2}{2}$斜纹，纬纱1隔1双色交替排列

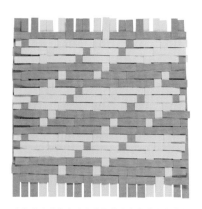

1 2 3 4 1 2 3 4 1 2 3 4 1 2 3 4 1 2 3 4

$\frac{1}{3}$斜纹，纬纱3隔3双色交替排列

在意匠纸上

◆ 在意匠纸上，需要记录下穿综图、经纱和纬纱的色纱排列顺序以及提综图。

◆ 假设经纱是黑白相间，纬纱也同样。

◆ 在意匠纸上，为了观察到一两个重复循环，至少预留出提综图长度的两倍，随后在穿综图下方的几行开始，并从这些图的最底端一行开始。

◆ 按照提综图中的第一行规律开始。

◆ 从一根黑色纬纱开始。如果一根黑色经纱被提起，在相应经组织点的方格中着黑色；如果一根白色经纱被提起，其相应经组织点的方格仍为白色。所有没有被提起的经纱，无论它们是黑色还是白色，其方格都应该被涂成黑色，因为它们被纬纱覆盖。

◆ 再从提综图和组织图的第二行开始。

◆ 第二根纬纱是白色。如果一根黑色经纱被提起，对应的经组织点的方格中涂为黑色；如果一根白色经纱被提起，对应的经组织点方格将保持白色。其他方格均保持白色，因为所有未提起的经纱将被白色纬纱覆盖。

◆ 按顺序向上移动，直至完成两个重复循环，如果想要得到一个更大尺寸的图案，继续以上步骤。

经纱与纬纱的色纱排列顺序

一旦掌握了该原理，便可开始尝试经纱和纬纱的色纱排序试验。在经纱排列图的重要位置，添加一根对比色或对比肌理的经纱将增加设计的整体比例，并且可以帮助隔开对比性图案。在纬纱色彩排列中重复该操作，将获得大格纹效果。

设计条纹组合

在织物经向进行条纹组合试验。在设计的宽度上重复相同的排列规律，或者几根经纱重复一个排列规律，然后换成另一个规律，这样做将在织物纬向形成对比性图案。建议的组合为：

1黑1白（为了获得对比性图案，可以再变为1白1黑）
2黑2白
3黑3白
4黑4白
2黑1白
1黑2白
3黑1白
4黑2白
2黑4白等。

方案一：

色经与白经间隔的1隔1纵向条纹

在以下这些例子中，经向纱线交替重复——1根黑色经纱（X）、1根白色经纱（O），用4页综顺穿。所有规律在两个循环后开始变化。

所用纱线的粗细很重要，小尺寸的图案需要用细纱线。所用的纱线越粗，对比比例越大，对比度越强。

1. 平纹组织：单色纬纱

穿综图											提综图				
4			O			O			X		X	黑			X	X
3		X			X			O			O	黑	X		X	
2		O			O			X			X	黑			X	X
1	X			X			O			O		黑	X		X	
												综框	1	2	3	4

（设计图案：见下方织物组织图）

2. 平纹组织：纬纱1黑1白交替（两个循环后，纬纱1白1黑交替）

穿综图											提综图				
4			O			O			X		X	黑			X	X
3		X			X			O			O	白	X		X	
2		O			O			X			X	黑			X	X
1	X			X			O			O		白	X		X	
												白			X	X
设计												黑	X		X	
												白			X	X
												黑	X		X	
												综框	1	2	3	4

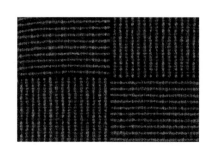

3. $\frac{2}{2}$ 斜纹组织：纬纱1黑1白交替

穿综图

4			O			O			X			X				
3				X			X			O			O			
2		O			O			X			X					
1	X			X			O			O						
设计																

提综图

	1	2	3	4
白	X			X
黑			X	X
白			X	X
黑	X	X		
白	X			X
黑			X	X
白			X	X
黑	X	X		
综框	1	2	3	4

4. $\frac{2}{2}$ 斜纹组织：纬纱2黑2白交替

穿综图

4			O			O			X			X				
3				X			X			O			O			
2		O			O			X			X					
1	X			X			O			O						
设计																

提综图

	1	2	3	4
白	X			X
白			X	X
黑		X	X	
黑	X	X		
白	X			X
白			X	X
黑		X	X	
黑	X	X		
综框	1	2	3	4

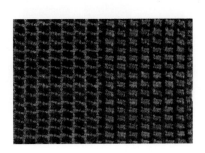

5. 方平组织：纬纱2黑2白交替

穿综图

4			O			O			X			X				
3				X			X			O			O			
2		O			O			X			X					
1	X			X			O			O						
设计																

提综图

	1	2	3	4
白			X	X
白			X	X
黑	X	X		
黑	X	X		
白			X	X
白			X	X
黑	X	X		
黑	X	X		
综框	1	2	3	4

6. 方平组织：纬纱1黑1白交替

穿综图													提综图				
4				O			O			X			X	白			X	X
3			X			X			O			O		黑			X	X
2		O			O			X			X			白	X	X		
1	X			X			O			O				黑	X	X		
														白			X	X
设计														黑			X	X
														白	X	X		
														黑	X	X		
														综框	1	2	3	4

7. $\frac{2}{2}$ 斜纹组织（提综图的奇数行）与平纹组织（提综图的偶数行）交替：纬纱1黑1白交替（黑色经纱织斜纹、白色经纱织平纹）

穿综图													提综图				
4				O			O			X			X	白		X		X
3			X			X			O			O		黑	X			X
2		O			O			X			X			白	X		X	
1	X			X			O			O				黑			X	X
														白		X		X
设计														黑		X	X	
														白	X		X	
														黑	X	X		
														综框	1	2	3	4

8. $\frac{2}{2}$ 斜纹组织（提综图的奇数行）与平纹组织（提综图的偶数行）交替：纬纱2黑2白交替

穿综图													提综图				
4				O			O			X			X	白			X	X
3			X			X			O			O		白	X			X
2		O			O			X			X			黑	X		X	
1	X			X			O			O				黑			X	X
														白		X		X
设计														白		X	X	
														黑	X		X	
														黑	X	X		
														综框	1	2	3	4

方案二：

色经与白经间隔的2隔2纵向条纹

在以下这些举例中，经线有两种颜色，2根黑色经纱（用X表示）和2根白色经纱（用O表示），以顺穿的方式穿过4页综框，第1页和第2页综穿黑色纱，第3页和第4页综穿白色纱。

1. 平纹组织：纬纱2黑2白交替

穿综图													提综图				
4			O			O			O			O	白		X		X
3		O			O			O			O		白	X		X	
2	X			X			X			X			黑		X		X
1	X			X			X			X			黑	X		X	
设计													白		X		X
													白	X		X	
													黑		X		X
													黑	X		X	
													综框	1	2	3	4

1 2 3 4 1 2 3 4 1 2 3 4 1 2 3 4 1 2 3 4

2. 平纹组织：纬纱1黑1白交替

穿综图													提综图				
4			O			O			O			O	白		X		X
3		O			O			O			O		黑	X		X	
2	X			X			X			X			白		X		X
1	X			X			X			X			黑	X		X	
设计													白		X		X
													黑	X		X	
													白		X		X
													黑	X		X	
													综框	1	2	3	4

纬纱的色纱排序

纬纱的色纱排列顺序可以改变整个设计。尝试改变纬纱中的颜色顺序以实现不同的图案。例如，编织一个 $\frac{2}{2}$ 斜纹，以两根黑色纬纱、两根白色纬纱的顺序投纬；然后还可以尝试使用1根黑色纬纱、2根白色纬纱、再1根黑色纬纱顺序投纬，看看会发生什么。

3. $\frac{2}{2}$ 斜纹组织：纬纱2黑2白交替

穿综图

4			O		O		O		O
3		O		O		O		O	
2	X		X		X		X		
1	X			X		X		X	
设计									

提综图

	1	2	3	4
白	X			X
白			X	X
黑		X	X	
白	X			X
白			X	X
黑		X	X	
黑	X	X		
综框	1	2	3	4

1 2 3 4 1 2 3 4 1 2 3 4 1 2 3 4 1 2 3 4

4. $\frac{2}{2}$ 斜纹组织：纬纱1黑1白交替

穿综图

4			O		O		O		O
3		O		O		O		O	
2		X		X		X		X	
1	X			X		X		X	
设计									

提综图

	1	2	3	4
白	X			X
黑			X	X
白		X	X	
黑	X	X		
白	X			X
黑			X	X
白		X	X	
黑	X	X		
综框	1	2	3	4

1 2 3 4 1 2 3 4 1 2 3 4 1 2 3 4 1 2 3 4

5. $\frac{2}{2}$ 斜纹组织（提综图的奇数行）与平纹组织（提综图的偶数行）交替：纬纱1黑1白交替（黑色经纱织斜纹、白色经纱织平纹）

穿综图

4			O		O		O		O
3		O		O		O		O	
2		X		X		X		X	
1	X			X		X			
设计									

提综图

	1	2	3	4
白			X	X
黑	X			X
白		X		X
黑	X	X		
白			X	X
黑	X	X		
白	X		X	
黑	X	X		
综框	1	2	3	4

6. 人字斜纹组织：纬纱2黑2白交替

1 2 3 4 1 2 3 4 1 2 3 4 1 2 3 4 1 2 3 4

穿综图

4				O			O			O			O
3			O			O			O			O	
2		X			X			X			X		
1	X				X			X			X		
设计													

提综图

	综框			
白			X	X
白	X			X
黑	X	X		
黑			X	X
白	X			X
白			X	X
黑	X	X		
黑	X	X		
综框	1	2	3	4

7. 人字斜纹组织：纬纱1白1黑交替

穿综图

4				O			O			O			O
3			O			O			O			O	
2		X			X			X			X		
1	X				X			X			X		
设计													

提综图

	综框			
黑			X	X
白	X			X
黑	X	X		
白			X	X
黑	X			X
白			X	X
黑	X	X		
白	X	X		
综框	1	2	3	4

　　只要运用一定的综框数，任何的条纹比例和组织结构的组合都是有可能的。只要设计者有足够的自信，就可以在经向和纬向上组合不同规律的条纹，以实现更复杂的图案。

　　这种效果并不局限于两种对比颜色或用4页综编织的基本组织。6或8页综的斜纹组织结合更多的经、纬纱颜色变化可以获得更大胆和更复杂的设计。

第五章

经纱扭曲和纬纱扭曲的网目组织

在织物设计时，经、纬纱的扭曲可以获得令人兴奋的外观和视觉效果。设计者可以用不同的结构和技术实现经、纬纱的扭曲，并获得不同的结果。

◆ 利用相反的织物组织结构，成组的经、纬纱发生扭曲变形，从而使布面形成曲线形状。

◆ 利用附加经纱或纬纱的方法产生单根纱线的扭曲变形。这样的编织方式可以使附加的经纱或纬纱浮在布面上，从而产生一种波浪状或之字形的曲线效果。

◆ 让筘呈一定的角度，就会在整个布面上产生对角线倾斜的效果。

成组纬纱扭曲

该组织结构是由平纹区域与经浮线区域以棋盘格的方式交替排列编织而成，由松紧度相反的两个结构（一个疏松、一个紧密）并列在一起，其中紧密结构的经、纬纱自然就往疏松区域移动，从而形成曲线。

所形成的形状被称为花边装饰纹样，可以在提综图上每个循环的起始处使用较粗的纬纱或对比色纬纱，从而强化其造型效果。

利用纬纱进行尝试，只需要4页综就可以获得这样一个结构扭曲的造型效果。纬纱的颜色和比例变化都将给设计者提供无尽的设计潜力和空间。

如果每个区域使用相同数量的经纱，整个图案是规则的；或者可以在大、小区域之间交替变化，甚至可以是某个比例的随机组合。每个区域经纱数量的逐渐增加，可以增加组织结构特殊的动感。

一旦设计好比例，经纱的粗细将决定每个区域的经纱数量。

成组纬纱扭曲的结构图

以下列举的提综图，都可以获得扭曲的纬纱结构，仅需在每个纹样的第一纬引入一根特殊纱线，以强调扭曲的造型。这根特殊纱线通常选择较粗的纬纱以获得显著的波纹效果，也可以是对比色纬纱，或者是与其他细纬纱一样，这些均取决于所需的设计效果。

纬纱在两个区域扭曲，纱线使用绢丝纱

1. 4页综的穿综图

综框					
4				X		X
3			X		X	
2		X		X		
1	X		X			

---重复循环--- ---重复循环---

提综图举例A：穿综图1

提综顺序					
4	X			X	一个循环
3	X		X		
2			X	X	一个循环
1	X		X		
	1	2	3	4	综框

对于提综图A，重复提综1、提综2至所需的尺寸比例，然后重复提综3、提综4直到编织出所需的尺寸比例。

提综图举例B：穿综图1

提综顺序					
16			X		X	一个循环
15			X	X	
14			X		X
13			X	X	
12	X				X
11	X				
10	X				
9	X			X	
8			X		X	一个循环
7	X				X
6	X				
5		X			
4			X	X	
3		X			
2			X	X	
1	X			X	

以上两个提综图中，纬纱在交替的两个区域内形成平纹结构，并被两个区域的经浮长线束缚住。提综图B有一微小的变化，每个循环中有两个位置交替的经浮长线，这样将一组纬纱束缚住。

成组纬纱扭曲的织物实例——两个区域均为平纹组织

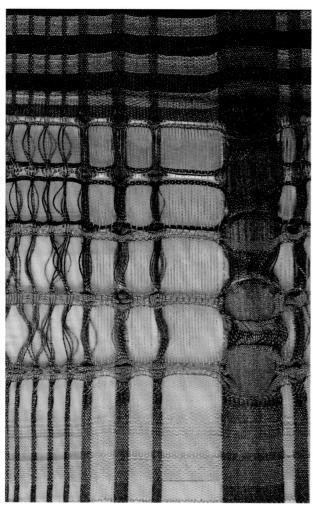

以真丝和锦纶单丝做经、纬纱，用4页综、平纹组织构成的纬纱扭曲织物

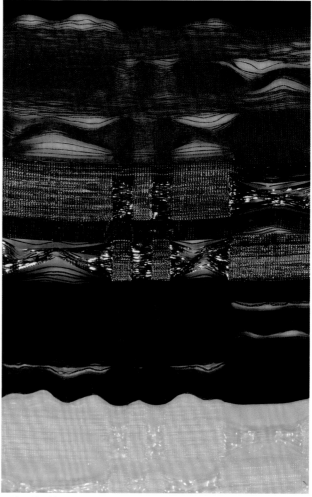

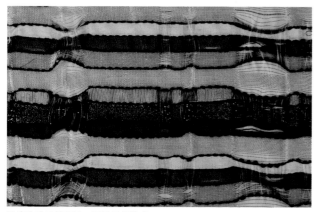

以锦纶单丝做经纱、平纹组织构成的纬纱扭曲织物，每个区经纱穿在2页综框上，纬纱采用金银丝、真丝长丝和圈圈毛线

以锦纶单丝做经纱、平纹组织构成的纬纱扭曲织物，每个区经纱穿在2页综框上，纬纱采用金银丝和真丝长丝纱

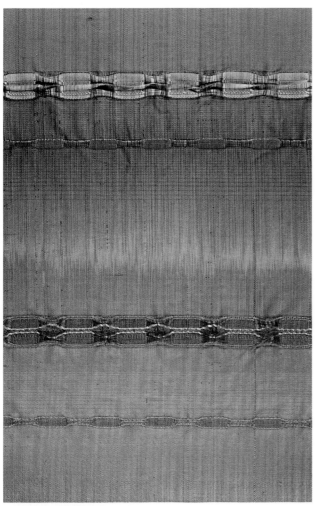

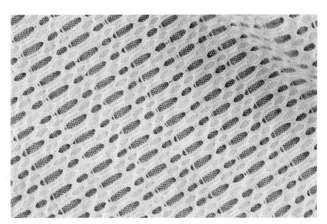

纬纱在两个区域扭曲织物

纬纱在两个区域扭曲织物，与平纹
形成对比；经纱和纬纱均为绢丝
纱，纬向加入一根特殊棉线用于凸
显曲线效果

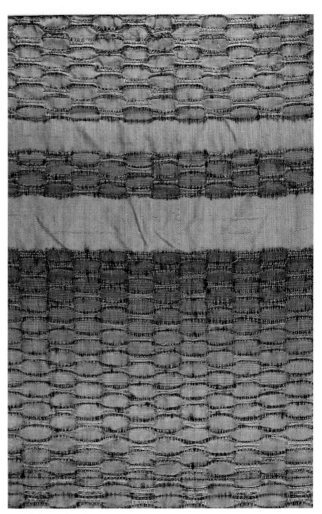

纬纱在两个区域扭曲织物，与平纹
形成对比；经纱和纬纱均为绢丝
纱，纬向加入一根特殊棉线用于凸
显曲线效果

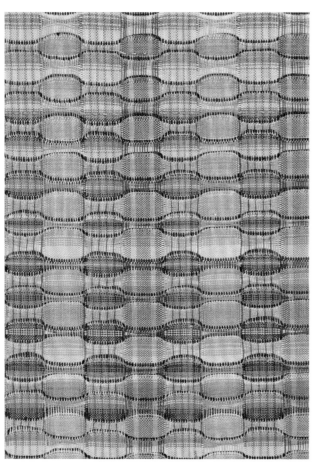

用平纹组织构成的纬纱扭曲织物，
经、纬纱均为绢丝纱

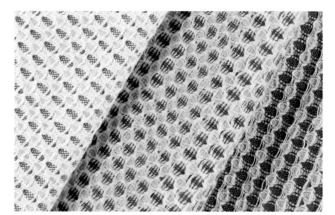

多块两个区域的纬纱扭曲织物展示

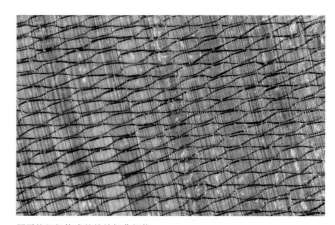

用平纹组织构成的纬纱扭曲织物，
经纱用无底部支撑的亮闪闪的彩色
金银丝，纬纱用锦纶酒椰叶（一种
马达加斯加产纤维）纱，以便强调
曲线

以平纹组织构成的纬纱扭曲织物，
锦纶单丝做经纱，纬纱用亮闪闪的
彩色金银丝交织而成

以平纹组织构成的纬纱扭曲织物，
锦纶单丝做经纱，纬纱用金银丝和
真丝长丝纱交织而成

以平纹组织构成的纬纱扭曲织物，
锦纶单丝做经纱，纬纱用亮闪闪的
彩色金银丝交织而成

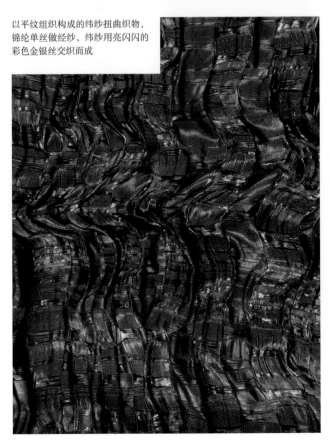

以平纹组织构成的纬纱扭曲织物，
锦纶单丝做经纱，纬纱用金银丝和
真丝长丝纱交织而成

添加综框以实现成组纬纱的扭曲

　　能用的综框数越多，获得动感效果的设计潜力就越大。每个区仍用2页综，选择平纹组织与经浮线产生对比；如果需要斜纹，每个区要用3页或更多页综。

2. 6页综的穿综图：分二个区

综框	1	2	3	4	5	6	7	8	9	10	11	12
6									X			X
5								X			X	
4							X			X		
3			X			X						
2		X			X							
1	X			X								

--------重复循环-------- --------重复循环--------

提综图举例：穿综图2

提综顺序	1	2	3	4	5	6	
12	X	X			X		一个循环
11	X	X		X			
10	X	X	X				
9	X	X			X		
8	X	X		X			
7	X	X	X				
6			X	X	X		一个循环
5		X					
4		X					
3			X	X	X		
2		X					
1	X			X	X		
	1	2	3	4	5	6	综框

提综顺序	1	2	3	4	5	6	
12	X		X	X			一个循环
11	X			X	X		
10	X		X	X			
9	X			X			
8	X			X	X		
7	X		X	X			
6	X		X	X			一个循环
5		X	X	X			
4	X	X	X				
3	X		X	X			
2		X	X	X			
1	X	X	X				
	1	2	3	4	5	6	综框

3. 6页综的穿综图：分三个区

综框	1	2	3	4	5	6	7	8	9	10	11	12	13	14	15	16	17	18
6														X		X		X
5													X		X		X	
4								X		X		X						
3							X		X		X							
2		X		X		X												
1	X		X		X													

-------重复循环------- -------重复循环------- -------重复循环-------

提综顺序	1	2	3	4	5	6	综框
12	X		X		X		一个循环
11	X		X	X			
10	X		X		X		
9	X		X	X			
8	X			X	X		一个循环
7	X		X	X			
6	X			X	X		
5	X		X	X			
4		X	X		X		一个循环
3	X			X			
2		X	X	X			
1	X		X	X			

提综顺序	1	2	3	4	5	6	综框
12			X	X		X	一个循环
11	X		X	X			
10			X	X		X	
9	X		X	X			
8	X			X		X	一个循环
7	X		X	X			
6	X			X		X	
5	X		X	X			
4		X		X	X		一个循环
3	X		X				
2		X		X	X		
1	X		X	X			

用平纹组织构成的分三个区穿综的纬纱扭曲织物实例

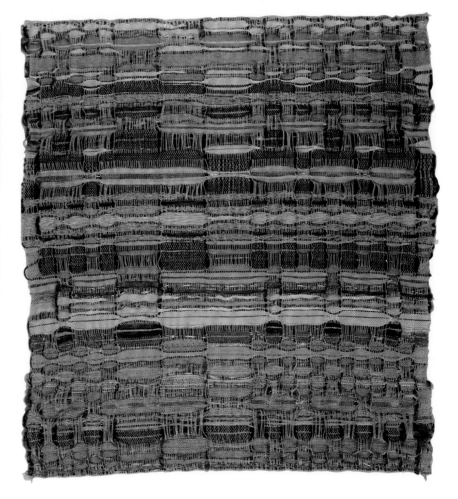

左、右图： 用平纹组织构成的纬纱扭曲织物，穿综分三个区、每区用2页综

4. 8页综的穿综图: 分四个区

综框																
8													X		X	
7												X		X		
6									X		X					
5								X		X						
4					X		X									
3				X		X										
2	X		X													
1	X		X													

---重复循环--- ---重复循环--- ---重复循环--- ---重复循环---

提综图举例：穿综图4和5

提综图（穿综图4）

提综顺序	1	2	3	4	5	6	7	8	
16		X	X	X			X		一个循环
15		X	X	X	X				
14		X	X	X		X			
13		X	X	X	X				
12	X		X			X	X		一个循环
11	X		X	X		X			
10	X		X			X	X		
9	X		X		X		X		
8		X	X	X			X		一个循环
7		X	X	X			X		
6		X	X	X			X		
5		X	X		X		X		
4		X	X		X	X			一个循环
3	X		X		X	X			
2	X		X		X	X			
1	X		X		X	X			
综框	1	2	3	4	5	6	7	8	

提综图（穿综图5）

提综顺序	1	2	3	4	5	6	7	8	
16		X		X	X		X		一个循环
15	X		X		X		X		
14		X		X	X		X		
13	X		X		X		X		
12		X		X		X	X		一个循环
11		X		X	X	X			
10		X		X		X	X		
9	X		X		X		X		
8		X		X	X		X		一个循环
7		X		X	X		X		
6		X		X	X		X		
5		X		X	X		X		
4		X		X	X	X			一个循环
3	X		X		X	X			
2		X		X	X	X			
1	X		X		X	X			
综框	1	2	3	4	5	6	7	8	

5. 8页综的穿综图：分四个山形对称的区

综框																								
8														X		X								
7													X		X									
6										X		X						X		X				
5								X		X							X		X					
4					X		X															X		X
3				X		X															X		X	
2		X		X																				
1	X		X																					

---重复循环--- ---重复循环--- ---重复循环--- ---重复循环--- ---重复循环--- ---重复循环---

提综图举例

提综顺序	1	2	3	4	5	6	7	8	
16		X	X	X			X		一个循环
15	X		X	X	X				
14		X	X	X			X		
13	X		X	X	X				
12	X		X		X	X			一个循环
11	X	X		X	X				
10	X		X		X	X	X		
9	X	X		X	X				
8	X		X		X		X		一个循环
7	X		X			X	X		
6	X		X		X			X	
5	X		X			X	X		
4		X		X	X		X		一个循环
3	X		X		X	X			
2		X		X	X	X			
1	X		X		X	X			
	1	2	3	4	5	6	7	8	综框

提综顺序	1	2	3	4	5	6	7	8	
8	X			X	X		X		一个循环
7	X		X	X	X	X			
6	X			X	X		X		
5	X		X		X		X		
4			X	X		X	X		一个循环
3	X		X			X	X		
2		X	X			X	X		
1	X		X		X		X		
	1	2	3	4	5	6	7	8	综框

多重分区的纬纱扭曲织物实例

分六个区、以山形穿综法织成的纬纱扭曲织物，
经、纬纱均为绢丝纱

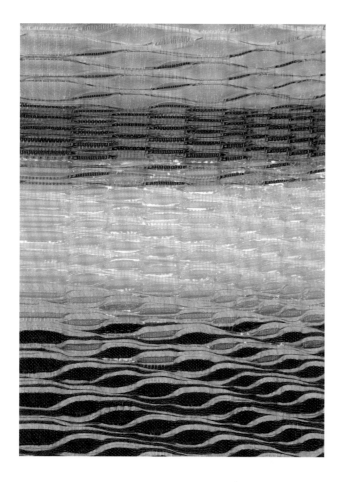

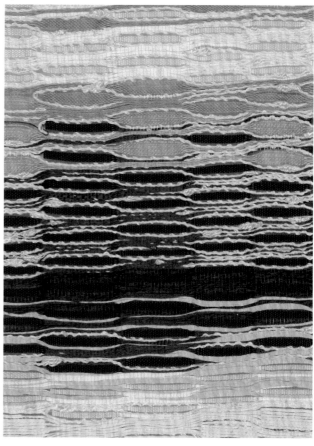

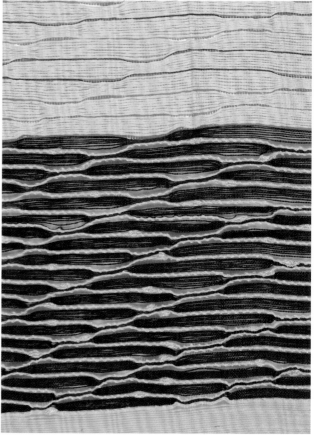

左图：分四个区穿综的纬纱扭曲织物；锦纶单丝做经纱，纬纱有多种，包括带状棉纱、真丝长丝纱和光亮的金银丝

右上图：分四个区穿综的纬纱扭曲织物；锦纶单丝做经纱，纬纱有多种，包括带状棉纱、真丝长丝纱和黏胶竹节纱

右下图：分四个区穿综的纬纱扭曲织物；锦纶单丝做经纱，纬纱有多种，包括真丝长丝纱、氨纶丝和黏胶竹节纱

6．8页综的穿综图：分两个区

穿综图														
8										X				X
7									X				X	
6								X				X		
5							X				X			
4			X			X								
3		X			X									
2		X			X									
1	X			X										

------------重复循环------------ ------------重复循环------------

提综图举例：穿综图6

提综顺序									$\frac{1}{3}$斜纹格纹
8	X		X				X		一个循环
7	X		X			X			
6	X		X		X				
5	X		X	X					
4				X			X		一个循环
3			X				X		
2		X					X		
1	X						X		
	1	2	3	4	5	6	7	8	综框

提综顺序									$\frac{3}{1}$斜纹格纹
8	X		X		X	X		X	一个循环
7	X		X			X	X	X	
6	X		X			X	X	X	
5	X		X		X	X	X		
4	X	X		X	X				一个循环
3	X			X	X	X			
2			X	X	X	X			
1	X	X	X	X	X				
	1	2	3	4	5	6	7	8	综框

如果可以选择的话，每个区域的斜纹可以不同，当然也可以选择平纹作为交替变化的结构。

编织纬纱扭曲的结构时，在织物边缘（布边）自然会有一个由经浮线形成的区域。这里的纬纱没有被经浮线束缚住，只有在织到一个平纹或斜纹组织的区域时才会被握持住。这是该结构中的自然现象，不会破坏整体的设计。

穿综分两个区、用平纹组织构成的纬纱扭曲织物；两个区域的经纱分别用金属丝和锦纶单丝，纬纱用金银丝和真丝长丝纱织成

分两个区穿综构成的纬纱扭曲织物，每个区用8页综；在纬纱扭曲区域运用$\frac{1}{7}$斜纹组织，并设置了平纹组织与之产生对比；经、纬纱均为绢丝纱

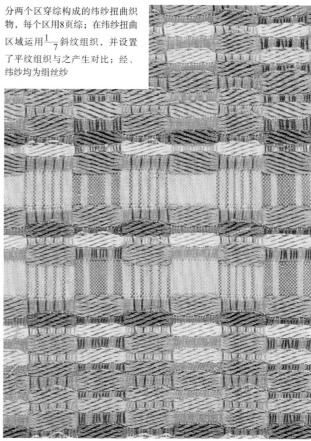

分两个区穿综构成的纬纱扭曲织物，每个区用8页综；在纬纱扭曲区域设置了一系列组织，包括斜纹、平纹和绉组织，并相互产生对比

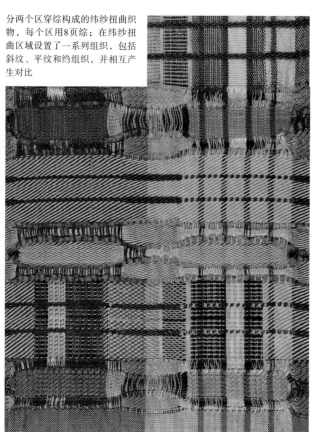

在纬纱扭曲的区域运用斜纹组织，并设置了平纹组织与之产生对比；经、纬纱均为棉纱

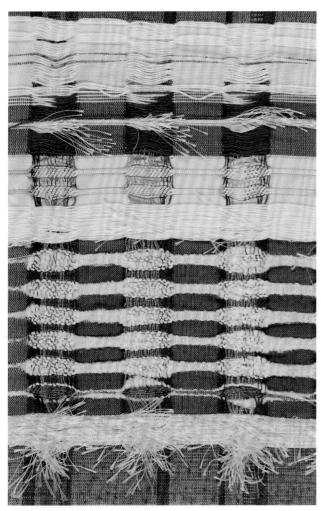

分两个区穿综构成的纬纱扭曲织
物，一个区用2页综、另一个区用
4页综；棉做经纱，与多种纬纱交
织，包括棉竹节纱、黏胶纤维和羊
毛纱

利用多个斜纹分隔、分区的纬纱扭
曲织物，同时与$\frac{1}{7}$斜纹和平纹组织
产生对比

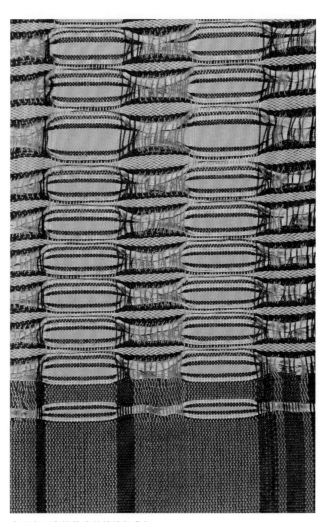

分两个区穿综构成的纬纱扭曲织
物，一个区用2页综、另一个区用4
页综；棉做经、纬纱，并用黏胶纤
维强调其曲线效果

成组经纱扭曲

　　经纱扭曲结构是由成组的经纱被邻近的、稳定的平纹区域挤在一起形成的，当该组经纱再次散开进入平纹组织区域时发生扭曲，几组经纱组合在一起形成一个可循环的纹样。

成组经线扭曲的结构图

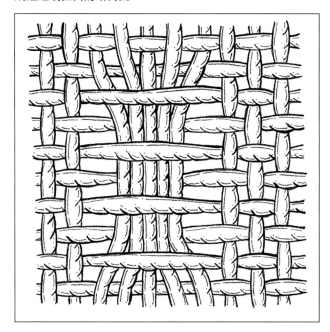

4页综的穿综图

综框																
4						X		X						X		X
3					X		X						X		X	
2	X		X						X		X					
1		X		X						X		X				

提综图举例

提综顺序					
10			X		重复扭曲2
9	X	X		X	
8			X		
7	X	X		X	
6			X		重复扭曲1
5	X		X	X	
4		X			
3	X		X	X	
2		X			
1	X		X	X	
	1	2	3	4	综框

　　尝试在两个扭曲的区域之间使用一段平纹组织的纬纱来帮助构建扭曲的区域。

单根纱线扭曲

单根经纱或纬纱均可以在布的宽度或长度方向上形成锯齿状纹样，在这两种情形下都需要额外添加经纱，并且这根经纱通常会独立地绕在另一根经轴上，与地经分开。这是因为额外的经纱会以与地经不同的速率编织（即纱线消耗速率不同），而且它可能会相当粗，从而产生更加显著的造型效果。

横向的之字形扭曲效果

用额外添加的经纱握持住额外添加的纬纱，纬纱扭曲变形比经纱具有更大的灵活性，因为可以在编织时变化所用的纬纱类型，这样锯齿状的纹样清晰可见。

额外添加单根纱线的纬向扭曲结构图

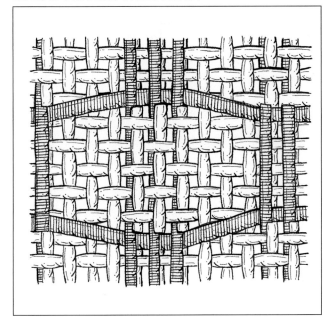

穿筘图

穿筘时，额外的经纱将被穿入先前地经的同一筘齿内。例如，假设每一个筘齿内原有的两根经纱形成底布，那么现在在穿综图中又出现一根额外的经纱时，一个筘齿内将穿入三根经纱。在意匠纸上的穿综图下方，可以用颜色在方格中标记出每一个筘齿中穿经纱的根数。只要有额外的经纱，就可以用这个简单而有效的方法来操作。

额外添加经纱的选择

　　额外添加的经纱不仅可以增加视觉效果，而且可以实现某种功能，所以要用具有对比性肌理、粗细和颜色的纱线来强调其特征。或者，当设计者想获得横向之字形纹样时，可以用一根锦纶单丝握持纬纱，但却几乎看不见握持纱本身。因为这根之字形扭曲纬纱不受任何干扰，看起来好像浮在底布表面。

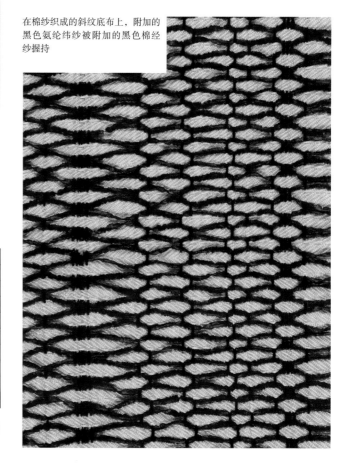

在棉纱织成的斜纹底布上，附加的黑色氨纶纬纱被附加的黑色棉经纱握持

穿综图（地经 = X ，额外经纱 = O）

综框													
6													O
5								O					
4				X			X			X			X
3			X			X			X			X	
2		X			X			X			X		
1	X			X			X			X			
穿筘图	■	■	□	■	□	□	■	□	■	■	□	■	□

　　在上面的举例中，底布由4页综织成，也可以用平纹与斜纹组织组合，从而使底布产生更多的对比和变化。

提棕图举例

提综顺序							
10				X	X		插入特殊纬纱
9		X		X		X	重复6~9
8	X		X		X		
7			X	X	X		
6			X		X		
5				X	X		插入特殊纬纱
4	X		X		X		重复1~4
3		X		X	X		
2	X		X		X		
1		X		X	X		
	1	2	3	4	5	6	综框

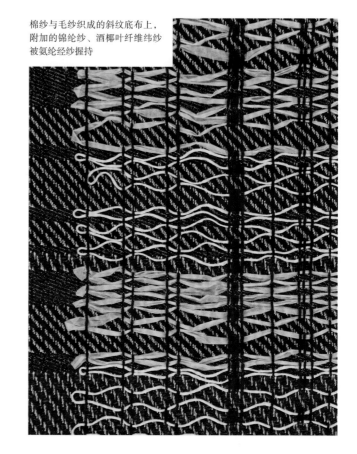

棉纱与毛纱织成的斜纹底布上，附加的锦纶纱、酒椰叶纤维纬纱被氨纶经纱握持

额外添加单根纬纱扭曲的织物实例

绢丝纱织成的斜纹底布上，棉竹节纬纱被附加的真丝纱握持

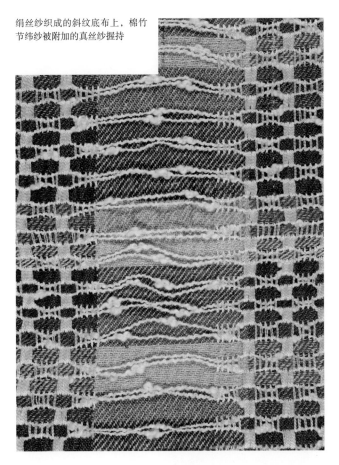

绢丝纱织成的平纹底布上，羊毛圈圈纬纱被附加的真丝纱握持

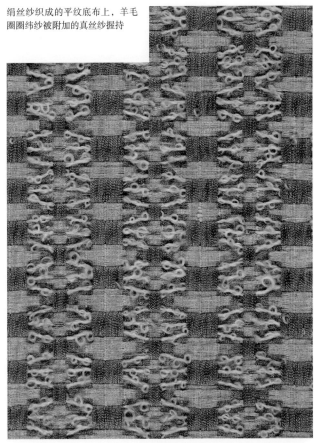

绢丝纱织成的斜纹底布上，锦纶针织带状纬纱被附加的真丝纱握持

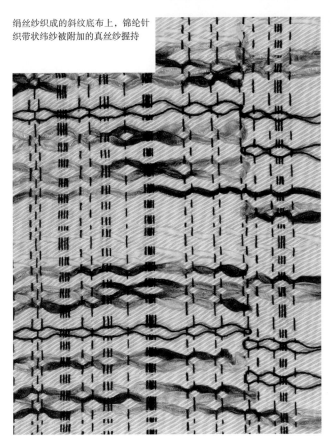

棉纱织成的斜纹底布上，绳索状棉线和氨纶纬纱被额外添加的亚麻纱和氨纶纱握持

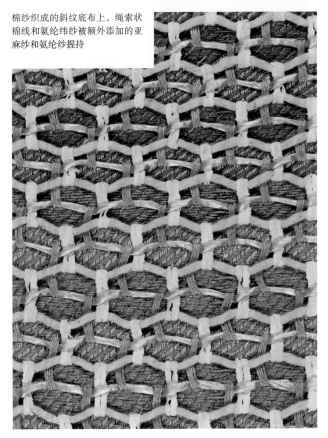

棉纱织成的斜纹底布上，绳索状棉
线和亚麻纱被经向额外添加的亚麻
纱和氨纶纱握持

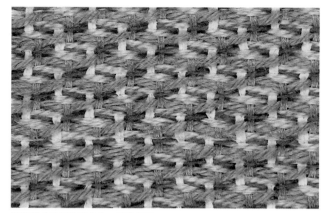

棉纱织成的斜纹底布上，绳索状亚
麻纬纱被经向额外添加的亚麻纱和
氨纶纱握持

绢丝纱织成的平纹底布上，羊毛纬
纱被额外添加的绢丝纱握持

纵向的之字形扭曲效果

　　具有特殊特征的经纱也可以用来获得扭曲效果，该扭曲是靠纬浮长线握持住额外添加的经纱而获得的。由于经纱张力，当布料下机，底布织物松弛并收缩时，效果特别明显。

穿综图（地经=X，额外经纱=O）

综框														
5				O					O					
4					X		X							
3			X									X		
2		X		X			X				X		X	
1	X				X	X	X	X						
穿筘图	■	■			■	■			■	■			■	■
			■	■			■	■			■	■		

提综图举例

10	X		X		X	
9		X		X	X	
8	X		X		X	
7			X	X	X	
6	X					
5		X		X	X	
4	X		X		X	
3			X	X		
2	X		X			
1		X				
	1	2	3	4	5	综框

额外添加单根经纱扭曲的结构图

倾斜编织在布面构造
对角斜线效果

　　通过改变钢筘的角度可以获得一条对角斜线，而非一条与纬纱平行的直线。通常情况下钢筘平行于织口（布的边缘），通过打纬将纬纱在布面水平定位。如果在织布机上固定一系列位置点以改变筘座的倾斜角度，如两个点、三个点或四个点，这样就可以改变纬纱的倾斜角度。位置点越多，产生的效果就越神奇。

　　该技术可用于任何织物组织。

当筘座倾斜时，纬纱呈一定角度分布的织物结构图

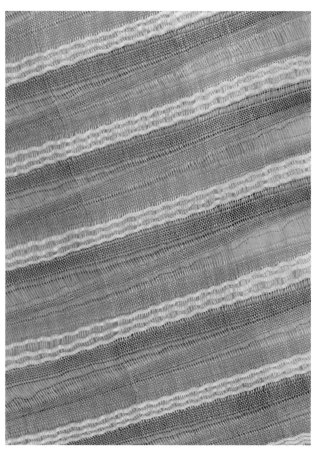

用倾斜筘座技术织造的平纹棉织物

第一步

　　筘座从离织口距离最远的一对支撑点的位置开始，先织上几纬。

第二步

　　在织机左侧，将筘座向前移动一档，在这个位置上再织上几纬。

第三步

　　在织机左侧，将筘座再向前移动一档，每次都可以织上几纬，直至筘座已达到离织口距离最近的位置。

第四步

　　然后在织机右侧将筘座向前移动，每次移动一档都织上几纬，直至筘座再一次平行，并达到离织口最近的位置。

第五步

　　然后，在织机左侧，将筘座向反方向位置移动。

第六步

　　在织机右侧，将筘座也向反方向位置移动，直至筘座再次处于平行状态，并且达到离织口距离最远的位置。重复这个过程，就可以在布面上形成明显的锯齿形斜线。

　　由于是倾斜的筘座以一定的角度打纬，会形成紧密的区域与疏松的区域从而产生对比。在斜线角度最陡的位置上使用不同颜色、不同粗细或不同肌理的特征纱线，可以让对角斜线更加显著。布样越窄，获得的角度越大，斜线就越陡；布样越宽，获得的角度则越平缓。

用筘座倾斜技术织成的织物实例

以锦纶单丝和绢丝纱做经、纬纱
织成的纬纱扭曲织物

以锦纶单丝和绢丝纱做经纱、绢
丝做纬纱织成的纬纱扭曲织物

以平纹与斜纹组织织成的倾斜编
织纯棉织物

用筘座倾斜技术织成的带有底纹
的绢丝绸

以绢丝纱织成的纬纱扭曲结构与
平纹结构并列的倾斜编织织物

用筘座倾斜技术实现的平纹双层
棉织物

用筘座倾斜技术织成的带有底纹
的绢丝绸

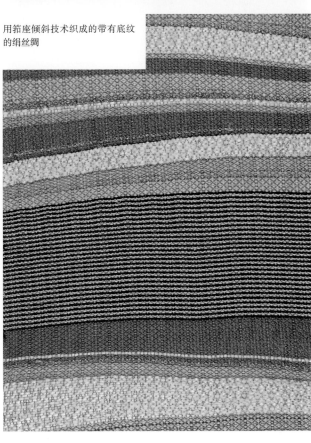

第六章

花式组织

增加织物肌理感方法很多，最简单的就是运用对比性的纱线，如粗细纱的对比或粗糙与光滑纱线的对比。另外也可以选择以下某个组织结构，如蜂巢组织、透孔组织、泡泡绉、凸条组织、起绒组织或绉组织，这些组织中的任何一个都可以加强织物表面肌理，使其产生三维立体特征，构造出一个充满戏剧性的肌理效果。

蜂巢组织

顾名思义，蜂巢组织的命名非常形象，因为它的结构类似于蜂巢。它由经、纬浮线在对角线的结构中排列组成，平纹组织在包围对角线结构外轮廓的过程中将浮线固定，垂直和水平方向上的最长浮线形成凸起，这些浮线构成了正方形的四条边。一旦织物下机，浮线收缩，使中心内凹，就会形成一个三维立体的空洞，称之为"蜂房"。

任何类型的纱线或不同粗细的纱线都可以用来编织蜂巢结构。通过改变经纱的粗细可以改变蜂巢的大小，纱线越粗，所用的综框数越多，可获得尺寸更大、更夸张的蜂巢效果。选用细纱线并借助多页综框能够赋予面料海绵般的质地，如果用弹性纱或皱缩纱，如羊毛纱，会比稳定的棉线和丝线更容易收缩。此外还有强捻纱，可以加剧皱缩以致产生更深陷的蜂巢效果。

将对比色的纱线、不同粗细或不同质地的纱线运用到蜂巢组织的关键处，可以加强蜂巢的结构和形状。特殊纱线应该被穿到经向第1页综上（编织时，这是最长经浮线），按照提综图的提综顺序在纬向最长纬浮线处引入特殊纱线。

所有的蜂巢组织都是按照山形法穿综（见P47）织成的，最小的一个组织循环需要使用4页综，但是它不易产生明显的效果。理想状态是，所用的综框数越多，效果越明显。

6页综蜂巢组织结构图

上图、下图：8页综的蜂巢织物
左图：用蜂巢结构织成的围巾

4页综、一个循环6根经纱的蜂巢组织

穿综图								提综图				
										X		
									X		X	
4				X			X		X	X		X
3			X		X		X	X		X		
2		X			X		X		X			
1	X				X			X				
								综框	1	2	3	4

设计

6页综、一个循环10根经纱的蜂巢组织

穿综图											提综图					
6					X								X			
5				X		X						X		X		
4			X				X					X	X		X	
3		X						X				X	X	X		X
2	X								X			X	X	X	X	X
1	X											X	X	X		
												X	X			
												X				
												X				
设计											综框	1	2	3	4	5	6

在6页、8页综的蜂巢组织举例中，其组织结构中均设置了单根对角线。该对角线将经、纬浮线牢牢地握持住。

8页综、一个循环14根经纱的蜂巢组织

穿综图													提综图								
8							X								X						
7						X		X						X		X					
6					X				X					X	X		X				
5				X						X				X	X	X		X			
4			X								X			X	X	X	X		X		
3		X										X		X	X	X	X	X		X	
2	X												X	X	X	X	X	X	X	X	X
1	X													X	X	X	X				
														X	X	X	X				
														X	X	X					
设计														综框	1	2	3	4	5	6	7	8

12页综、一个循环22根经纱的蜂巢组织

穿综图																						
12											X											
11										X		X										
10									X				X									
9								X						X								
8							X								X							
7						X										X						
6					X												X					
5				X														X				
4			X																X			
3		X																		X		
2	X																				X	
1																						X

在上面12页综蜂巢组织的举例中，可以仅设置一根对角线，如下所示的提综图1；但是如果浮线太长不实用，可设置两根对角线，如提综图2所示。

提综图1

1	2	3	4	5	6	7	8	9	10	11	12
	X										
X		X									
X	X		X								
X	X	X		X							
X	X	X	X		X						
X	X	X	X	X		X					
X	X	X	X	X	X		X				
X	X	X	X	X	X	X		X			
X	X	X	X	X	X	X	X		X		
X	X	X	X	X	X	X	X	X		X	
X	X	X	X	X	X	X	X	X	X		X
X	X	X	X	X	X	X	X	X		X	
X	X	X	X	X	X	X	X		X		
X	X	X	X	X	X	X		X			
X	X	X	X	X	X		X				
X	X	X	X	X		X					
X	X	X	X		X						
X	X	X		X							
X	X		X								
X		X									
	X										
X											

提综图2

1	2	3	4	5	6	7	8	9	10	11	12
	X		X								
X		X		X							
X	X		X		X						
X	X	X		X		X					
X	X	X	X		X		X				
X	X	X	X	X		X		X			
X	X	X	X	X	X		X		X		
X	X	X	X	X	X	X		X		X	
X	X	X	X	X	X	X	X		X		X
X	X	X	X	X	X	X	X	X		X	
X	X	X	X	X	X	X	X		X		X
X	X	X	X	X	X	X		X		X	
X	X	X	X	X	X		X		X		
X	X	X	X	X		X		X			
X	X	X	X		X		X				
X	X	X		X		X					
X	X		X		X						
X		X		X							
	X		X								
X		X									
	X										
X											

蜂巢组织织物实例

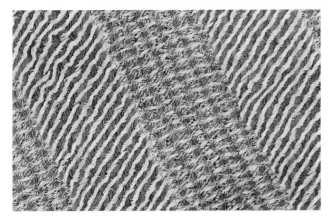

斜纹与蜂巢组织并列织物

用平纹形成纬向扭曲结构的6页综蜂
巢组织织物，其中平纹占2页综

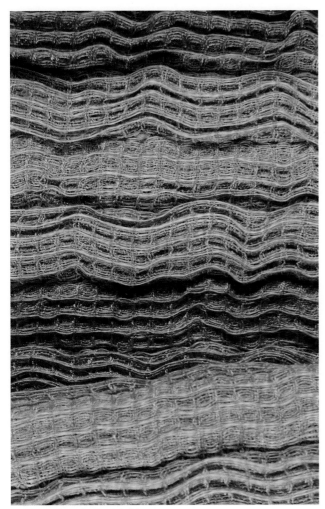

用强捻毛纱做经纱（加强收缩）、
亚麻做纬纱的8页综蜂巢组织织物

以棉纱和毛纱织成的8页综蜂巢组织
与平纹、斜纹对比的织物

布莱德蜂巢组织

　　布莱德蜂巢组织没有传统蜂巢组织的结构那么规律。它需要顺穿，最小的重复单元需要8页综。如果要增加组织单元的尺寸，综框数必须是4的倍数，例如8、12、16页综，以便使组织循环正确。每个大菱形区域包含四个小菱形，由两个经浮线菱形和两个纬浮线菱形组成。最长的浮线由于收缩形成山脊，沿着两侧正方形的中心向下凹。8页综蜂巢组织中的这种现象不太明显。

8页综的布莱德蜂巢组织

穿综图										提综图			综框1	2	3	4	5	6	7	8

（穿综图为顺穿；提综图为布莱德蜂巢组织提综方案；下方为设计效果图。）

12页综的布莱德蜂巢组织

穿综图												提综图		综框1	2	3	4	5	6	7	8	9	10	11	12

（穿综图为顺穿；提综图为布莱德蜂巢组织提综方案；下方为设计效果图。）

16页综的布莱德蜂巢组织

穿综图							提综图															

穿综图为1→16的顺穿（逐列对角线）。

综框：1 2 3 4 5 6 7 8 9 10 11 12 13 14 15 16

设计（组织图）

一个循环16根经纱的规则蜂巢组织的提综图

假纱罗组织（透孔组织）

假纱罗组织又被称为"仿纱罗"，它由透孔单元（有着交替经、纬浮线）组合在一起构成，一个单元又由3、4或5根经纱组合在一起形成。两个单元需要在分开的一对综框上实现孔眼效果，所以最少需要4页综才能实现假纱罗结构的设计。这种结构可以形成轻薄的孔眼效果，赋予织物装饰功能（花边装饰）。透孔效果产生的一个原因是穿筘方法的设计，还有一个原因是织物组织所决定的。

穿筘方法

如果将穿综图中每个单元的经纱穿在同一个筘齿中，织物的外观效果会更明显，如一个单元中的3根经纱穿在同一个筘齿中或一个单元的4根经纱穿在同一个筘齿中。如果在每个单元的两侧都留下一个空筘，则获得更明显的透孔效果。

3根经纱一个单元的假纱罗组织结构图

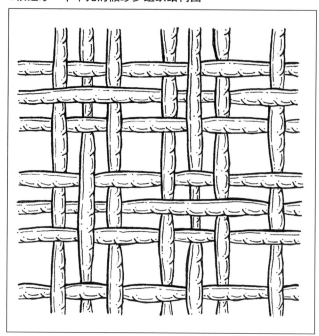

例1：3根经纱一个单元的假纱罗组织穿在4页综上。一个单元穿在第1、第2页综上，另一个单元穿在第3、第4页综上。每一个筘齿里穿3根经纱。

穿综图																		
4				X					X					X			
3			X		X			X		X			X		X			
2	X		X				X		X			X		X				
1		X					X					X						
穿筘图	■	■	■				■	■	■				■	■	■			
（3入/筘）				■	■	■				■	■	■				■	■	■

例2：为了强化透孔效果，在每个透孔单元之间都留出一个空筘。在意匠纸上显示为穿综图中每个单元之间空一列，穿筘图中每个单元之间空一格。

穿综图																
4						X								X		
3					X		X						X		X	
2		X		X						X		X				
1			X								X					
穿筘图		■	■	■		■	■	■		■	■	■		■	■	■
（3入/筘，空1筘）																

透孔效果可用于整个布面设计，或者运用到平纹组织上，设计成直条纹或格状透孔效果。这样的设计强调了透孔的花纹和平整的平纹组织之间的对比。为了获得此种效果至少需要4页综，综框越多，孔眼的布局和设计就越复杂。

计算假纱罗组织所用钢筘规格

一旦确定了经纱密度即每厘米或英寸经纱根数，就需要计算出用于编织平纹织物的筘号。为了获得所需的透孔效果，设计者需要确定钢筘号型，以及如何在布面形成一个良好的布局。

经纱密度14根/厘米、3根经纱一个单元的假纱罗组织

例1：使用48齿/10厘米的钢筘，每个筘齿穿3根经纱。

例2：为了获得更明显的效果，使用96齿/10厘米的钢筘，每个筘齿穿3根经纱，并且空出旁边的1个筘齿。

经纱密度是36根/英寸、3根经纱一个单元的假纱罗组织

使用12号钢筘，每个筘齿穿3根经纱。

即3×12=36（例1）

如果想使效果更夸张，可以使用24号钢筘，每3根经纱穿过1个筘齿，并且空出相邻的1个筘齿（例2）。

计算假纱罗与平纹的联合组织的钢筘规格

一旦确定了经纱密度即每厘米或英寸经纱根数，就需要计算出用于编织平纹织物的筘号。设计者需要考虑用什么号型的钢筘来获得所需的透孔效果，以及如何在布面形成一个良好的平纹布局。

经纱密度14根/厘米、3根经纱一个单元的假纱罗组织

例3：使用48齿/10厘米的钢筘，每个筘齿穿3根经纱。

例4：使用96齿/10厘米的钢筘，每个筘齿穿3根经纱，并且在假纱罗区域空出相邻的1个筘齿；在平纹区域，先将2根经纱穿入1个筘齿、然后将1根经纱穿入相邻筘齿中，平均密度达到14根/厘米。

经纱密度36根/英寸、3根经纱一个单元的假纱罗组织

使用12号钢筘，每个筘齿穿3根经纱（例3）。

使用24号钢筘，每3根经纱穿过1个筘齿，并且在假纱罗组织区域空出相邻的1个筘齿；在平纹区域，先将2根经纱穿入1个筘齿，然后将1根经纱穿入相邻筘齿中，平均密度达到36根/英寸。

即12×2+12×1=36（例4）

如果在每个纱罗单元之间空出1个筘齿，当横向的整幅织物使用平纹组织时，就会在平纹组织处出现纵向稀路，这是由假纱罗组织单元的空筘所引起的。

例3：用4页综编织的、3根经纱一个单元的假纱罗与平纹的
联合组织（假纱罗组织＝X，平纹组织＝O）。

穿综图																
4								X				X				
3		O		O		O		X	X			X	X			
2			O		O		O			X	X			X		X
1										X				X		
穿筘图	■	■	□	□	■	■	□	■	■	□	■	■	□	■	□	■

例4：用4页综编织的、3根经纱一个单元的假纱罗与平纹的
联合组织（假纱罗组织＝X，平纹组织＝O），并且在每个假
纱罗单元之间空一箱。

穿综图																	
4							X					X					
3		O		O		O		X		X			X		X		
2			O		O		O				X	X				X	X
1								X						X			
穿筘图	■	■	□	■	■	□	■	■	□	■	■	□	■	■	□	■	■

4页综的假纱罗组织

穿综图									提综图				
												X	X
											X	X	
4				X			X				X		X
3			X		X			X	X			X	X
2	X		X			X		X			X	X	
1		X				X					X		X
									综框	1	2	3	4

穿筘图 ■■□□■■□□

设计（图案）

3根经纱一个单元的假纱罗组织在毛织物上的应用

3根经纱一个单元的假纱罗组织在棉织物上的应用

3根经纱一个单元的假纱罗组织在平纹织物上的应用

4页综的假纱罗组织

穿综图											提综图					
														X		X
											平纹组织	X		X		
														X		X
														X	X	
4						X								X		X
3	O		O		O		X		X			X		X		
2		O		O		O		X		X			X	X		
1							X				假纱罗组织	X		X		
										综框	1	2	3	4	

-------重复循环-------　-------重复循环-------

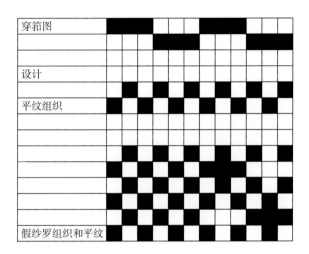

穿筘图									
设计									
平纹组织									
假纱罗组织和平纹									

假纱罗与平纹的联合组织织物实例

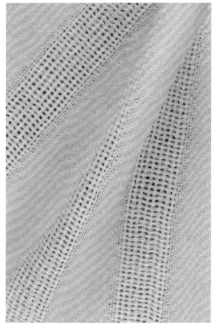

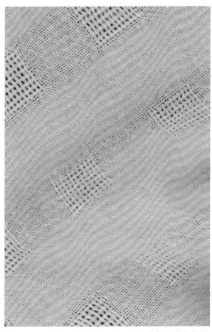

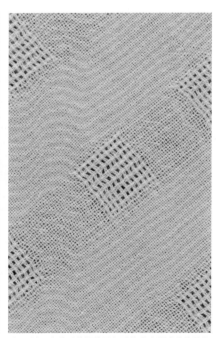

3根经纱一个单元的假纱罗与平纹联合形成的纵条纹织物

3根经纱一个单元的假纱罗与平纹联合形成的格纹织物

3根经纱一个单元的假纱罗与平纹联合形成的格纹织物细节

一个单元5根经纱的假纱罗组织结构图

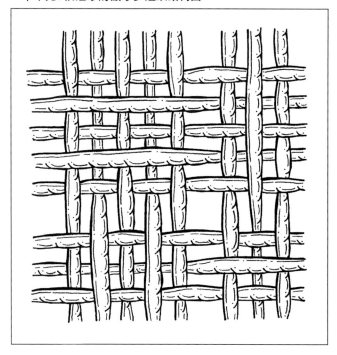

4页综、5根经纱一个单元的假纱罗组织

穿综图								提综图				
										X		X
									X		X	
										X		X
									X		X	
										X		X
4				X		X			X		X	
3			X		X		X		X	X		
2	X		X		X				X		X	
1		X		X					X	X		
									X		X	
穿筘图	■	■	■					综框	1	2	3	4
				■	■	■						

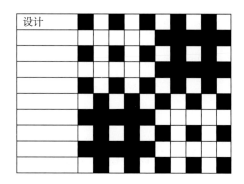

设计

4页综、一个单元4根经纱的假纱罗组织

穿综图								提综图				
											X	X
										X	X	
										X	X	
									X		X	
4		X	X						X		X	
3	X			X					X	X		
2					X			X	X	X		
1						X	X		X		X	
								综框	1	2	3	4

穿筘图

设计

在提综图中，第二纬、第三纬是一样的效果，第六纬、第七纬也同样。这意味着当编织第三纬或第七纬时，除非能够保证纬纱两端固定，否则纬纱将会折回。为了使织物成品边缘更整齐，需在布边将纬纱钩在经纱周围。

一个单元4根经纱的假纱罗组织织物实例

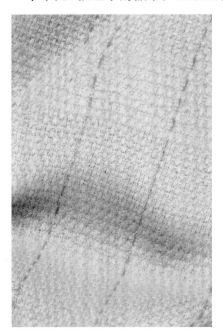

全部采用一个单元3根经纱的假纱罗组织的织物

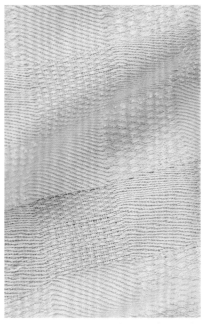

一个单元3根经纱的假纱罗与斜纹的联合组织织物

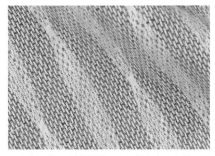

一个单元4根经纱的假纱罗组织做底布组织的双层织物

用假纱罗组织创建纹样

如果可以使用更多页综，就可以获得更加复杂的纹样。在假纱罗组织部分，要获得一个透孔设计至少需要2个假纱罗单元，因此至少需要4页综。

以下例子显示的是假纱罗与平纹联合组织的设计或全部使用假纱罗组织的设计。

纹样构成

既然12页综的穿综图分为三个区（每区4页综），为什么不尝试将其和其他4页综的组织在面料设计上进行有趣的组合。利用以下组织可以设计出水平纹样或并列的对比纹样。

$\dfrac{1}{3}$斜纹

$\dfrac{3}{1}$斜纹

$\dfrac{2}{2}$斜纹

纬纱扭曲组织

额外的纬浮长线组织

12页综的假纱罗组织：一个单元3根经纱，分三个区穿综（每区4页综）

穿综图															
12													X		
11												X		X	
10									X		X				
9								X							
8						X									
7					X		X								
6				X		X									
5			X												
4		X													
3		X		X											
2	X		X												
1		X													

-------重复循环------- -------重复循环------- -------重复循环-------

穿筘图

设计1：假纱罗与平纹联合的细对角线纹样

提综图												
18		X	X	X	X	X	X	重复13~18
17	X	X	X	X		X	X	
16		X	X	X	X	X		
15	X	X	X	X	X	X		
14	X	X	X	X	X			
13	X	X	X	X	X			
12		X	X	X	X	X	X	重复7~12
11	X	X	X					
10		X	X	X	X	X		
9	X	X	X	X	X			
8	X	X	X	X	X	X		
7	X	X	X	X	X			
6		X	X	X	X	X	X	重复1~6
5		X	X	X	X			
4	X	X	X	X				
3	X	X	X	X				
2	X	X	X	X	X			
1	X	X	X	X	X			
	1	2	3	4	5	6	7	8	9	10	11	12

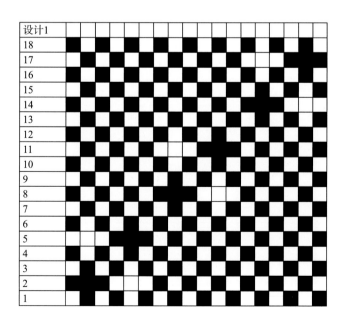

设计1

设计2：假纱罗与平纹联合的宽对角线纹样

提综图	1	2	3	4	5	6	7	8	9	10	11	12	
18			X		X		X		X		X	X	重复13~18
17				X	X	X		X			X	X	
16			X		X			X		X		X	
15		X		X				X			X	X	
14		X	X					X		X	X	X	
13		X		X				X			X		
12			X		X				X		X	X	重复7~12
11		X		X				X	X		X	X	
10			X		X			X		X		X	
9		X		X				X			X		
8			X		X	X				X	X		
7		X		X					X		X		
6			X		X			X		X		X	重复1~6
5				X	X			X	X	X	X		
4			X		X			X		X		X	
3		X		X				X		X		X	
2		X	X							X		X	
1		X		X		X		X		X		X	

设计3：全部采用假纱罗组织的纹样

提综图	1	2	3	4	5	6	7	8	9	10	11	12	
6			X		X		X		X		X	X	重复1~6
5				X	X			X	X		X	X	
4			X		X			X		X		X	
3		X		X		X		X		X			
2		X	X					X		X			
1		X		X		X		X			X		

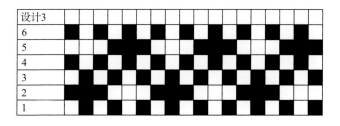

设计4：假纱罗与平纹或山形斜纹联合的水平横条纹纹样

提综图	1	2	3	4	5	6	7	8	9	10	11	12	
12		X			X	X			X	X		X	重复9~12
11			X	X			X	X			X	X	
10			X	X		X	X			X	X		
9		X	X			X	X			X	X		
8			X									X	重复7~8
7		X		X							X		平纹组织
6			X		X			X		X		X	重复1~6
5				X	X			X	X		X	X	
4			X		X			X		X		X	
3		X		X				X		X		X	
2		X	X							X	X		
1		X		X						X		X	

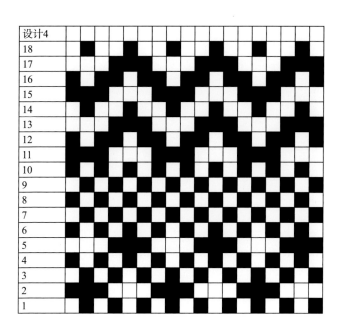

泡泡绉

泡泡绉及其他起绉面料的特征是在成品布上有起皱的区域和与之对比的、外观显著不同的平坦区域。布面绉纹通常会形成纵条纹状，当然水平横条纹或者方格状的布面绉纹也是可能的，取决于使用何种工艺。

下面介绍几种生产泡泡绉的方法。

◆ 织造时，赋予经纱明显不同的张力。

◆ 同时使用尺寸稳定的纱线和下机经湿整理后会皱缩的纱线。

◆ 同时使用无弹纱线和弹力纱线。

张力法泡泡绉

最稳定的泡泡绉通常是机织布。织造时需要两根经轴，因为纵向不同条纹处的经纱张力松紧不同，从而获得绉纹效果。通常地经张力大，绉经张力较小。

◆ 在准备经纱之前，首先要决定张力大的经纱和绉缩经纱各自所构成的条纹宽度。

◆ 当准备经纱时，由于在松弛的条纹处绉缩纱线消耗量更多，所以要确保绉缩纱线比张紧纱线长30%。

◆ 经纱必须足够结实，要能承受高强度的钢筘打纬，以使泡泡部分保持稳定。

◆ 确保布边拉紧，因为松弛的布边可能会混乱而无法控制。

◆ 窄条纹比宽条纹易出效果且容易控制，当然这不是必须强制性遵守的规则。

通过变化经纱张力构成的棉泡泡绉，其中张紧部分用$\frac{2}{2}$斜纹、张力松弛部分用平纹

泡泡绉通常使用平纹组织织造，因为它能够让纬纱稳定且不会遮掩起皱的效果。理论上，2页综就能织造泡泡绉，但是会受到纱线细度的限制。

当使用4页综编织时，穿综图通常是从综框1到4的顺穿，但是如果纱线的细度允许，也可以选择分区穿综法，每个区域2页综。

如果可以使用6页综，那么绉缩的经纱穿2页综，张紧的经纱穿剩余的4页综，这样方便更多种结构的变化和联合组织的运用。

穿综图

在下列穿综图1、2、3中，张紧经纱＝X，松弛经纱＝O。

穿综图1																	
4		X			X			O			O				X		X
3			X			X			O			O			X		X
2		X			X			O			O				X		X
1	X			X			O			O					X		X
														综框	1	2	3	4

------------重复循环------------ ------------重复循环------------

穿综图2																	
4						O		O		O		O			X		X
3					O		O		O		O				X		X
2		X		X		X		X							X		X
1	X		X		X		X								X		X
														综框	1	2	3	4

------------重复循环------------ ------------重复循环------------

穿综图3																				
6						O		O												
5					O		O													
4			X			X					X		X		X					
3				X		X						X	X	X					
2		X			X					X	X			X					
1	X			X					X	X			X							
									综框	1	2	3	4	5	6					

------------重复循环------------ ---重复循环---

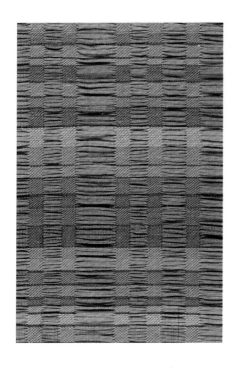

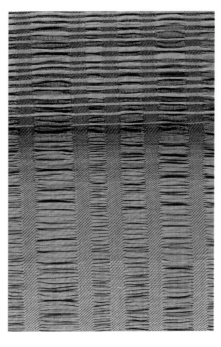

通过变化经纱张力构成的棉泡泡绉

小褶裥泡泡绉

穿综图2、3运用分区穿综法将松弛的条纹处与张紧的条纹处分开织，可以获得小巧且简单的褶裥效果。一定要用分区穿综法来编织小褶裥泡泡绉，因为这样才能允许独立编织不同的区域。

由于两个轴上的张力不同，使用平纹组织可获得结构稳定的织物。

保持经纱张紧状态，仅仅用第3页与第4页综（穿综图2）或第5页与第6页综（穿综图3）编织条纹即可。如果用一把梭子穿过整个幅宽的经纱，没有被编织的部分就会出现浮线。如果想获得边缘整齐的、独立的褶裥，那么需要在每个褶裥处用独立的纡子（线轴）。这样做，效率较低，但在每个褶裥区域可以使用不同颜色。

当编织了足够长度可以产生褶裥效果时，放松这部分经纱的经轴，然后在这部分经纱呈松弛的状态下，朝着布的织口（水平边缘）方向打纬。

由于褶裥部分的经纱张力仍然不受控制，所以所有经纱均用平纹组织编织，依靠张紧部分来稳定褶皱。一旦褶裥部分足够稳定，就可以调整张力，重复以上动作。

如果张力调整太快，因纬纱数量太少无法固定褶裥，褶裥仍会被抽拔出。

4页综小褶裥泡泡绉的编织顺序（穿综图2）

穿综图2 组织	综框1	综框2	综框3	综框4
平纹——小张力			X	
		X		
				X
褶裥编织——大张力			X	
		X		X
平纹——大张力	X		X	
综框	1	2	3	4

-----------重复循环----------- -----------重复循环-----------

6页综小褶裥泡泡绉的编织顺序（穿综图3）

穿综图3 组织	综框1	综框2	综框3	综框4	综框5	综框6
				X		X
平纹——纱线松弛				X		X
						X
编织褶皱——纱线张紧					X	
				X		
平纹——纱线张紧				X		X
综框	1	2	3	4	5	6

-----------重复循环----------- ---重复循环---

纱线缩率不同形成的泡泡绉

使用不同缩率的纱线可以获得效果明显的泡泡绉，例如，羊毛与棉线或者丝线并用。通过间隔并列使用易收缩的纱线和稳定的纱线编织，可以形成条纹状的皱缩面料。其中比较可行的方法是采用双经轴，因为羊毛纱比棉纱、真丝更有弹性；如果只用一个经轴，织造时会出现张力不匀的问题。

这种效果在面料下机后经过湿整理，或者手洗、机洗后就会产生。羊毛有缩绒现象，而棉线和丝线仍能保持稳定状态，这样就会在棉线或丝线区域产生起泡的效果。如果用洗衣机对面料进行后整理，最好先开启柔洗模式以便了解缩率。如果收缩不够，就开启时间更长的洗涤模式。不仅水温会使羊毛收缩引起羊毛毡化，水洗搅拌的时间也有同样作用。但要注意的是，羊毛一旦经过了高温、长时间的水洗所产生的毡化效应是不可逆的。

设计者最少用2页综设计这种效果，或者按照之前列出的4页综或6页综的泡泡绉穿综图获得该效果。在设计面料时，记住面料在整理后会收缩，所以开始的设计（包括条纹规格）要更长、更宽一些，以弥补收缩带来的尺寸减小。

在该种绉类面料的边缘外侧，不必使用尺寸稳定的纱线。因为用羊毛纱做布边，羊毛收缩正好可以构成泡泡绉的布边；但是如果选用尺寸稳定的纱线做布边，羊毛收缩布边呈荷叶状。

纱线缩率不同形成泡泡绉时，设计的可能性

◆ 用相同粗细的细支纱生产一块超级轻薄的泡泡绉。

◆ 用细的、稳定的纱线（无弹）做地经纱，间隔加入较粗的羊毛经纱形成对比。

◆ 用尺寸稳定的无弹纱线做纬纱获得垂直方向的泡泡绉。

◆ 带状间隔使用羊毛纱和尺寸稳定的纱线（如棉纱）做纬纱，尺寸稳定的纱线（如棉线）被毛纱包围的区域将产生"水泡"，形成格子纹样。

弹性纱织造的泡泡绉

有弹性和强捻的纱线下机后，在一定张力下织造会自然回缩，无论是经纱还是纬纱。强捻纱是由于纺纱过程中纱线加捻很紧所产生的一个可以使纱线回弹的固有属性。

当这样的纱线被用做经纱时，需要在恒定的张力状态下织造，下机后松弛并自然收缩，在熨斗的蒸汽熨烫后或者轻轻柔洗后这种效果会增强。

当并列使用弹力纱和无弹纱线做经纱时，需要使用双经轴织机。选用之前张力法泡泡绉处所展示的任何一个穿综图，且选择合适粗细的纱线，那么就能用2页综获得皱缩效果。

使用这种生产泡泡绉的方法，意味着设计者不需要对产品效果进行严格控制，但却能获得立即收缩的产品。

弹性纱织造泡泡绉时，设计的可能性

◆ 带状间隔使用弹力纱线和稳定的纱线做经纱，注意弹力纱线会显著收缩，所以该经纱通常要比正常经纱长50%，这样可以获得纵条纹的泡泡绉。

◆ 带状间隔使用一定宽度的无弹纱线和一定宽度的弹力纱线做经、纬纱，当纱线皱缩时产生"水泡"效果。

◆ 设置一单经轴织机，使用尺寸稳定的经纱，然后条状间隔配置弹力纱线和尺寸稳定的纱线做纬纱，生产水平方向的泡泡绉。注意纬纱使用弹力纱线时，下机后面料的幅宽会明显减小。

绉组织

　　所有的绉组织都是没有方向感、没有明确规律的组织结构，不像斜纹组织那样规律。绉组织可通过改变经典的基础组织来获得，如斜纹、缎纹或平纹。所产生的效果可能是混乱的纹理，或者是小尺寸的重复纹样。

　　简单的绉组织可通过以下方法获得：

◆ 在普通的织物组织上额外增加组织点；

◆ 在平纹组织上增加或去除组织点；

◆ 两个基础组织的联合；

◆ 基础组织纹样的旋转。

　　如下的提综图中，基础组织的经组织点＝X，额外添加的经组织点＝O，以下所有举例都采用8页综顺穿法。

8页综的穿综图

穿综图													
8						X							
7					X								
6				X									
5			X										
4			X										
3		X											
2	X												
1	X												

基于4枚缎纹添加组织点构成的绉组织

提综图A								
			X	O	O		X	
	O	O		X				X
			X			X	O	
	X		O	O	X			
	O		X				X	O
					X	O	O	X
			X	O		X		
	X				X		O	O
综框	1	2	3	4	5	6	7	8

基于平纹组织添加组织点构成的绉组织

提综图B								
		X		X	O	X		X
	X		X		X	X		X
			X		X			X
		X			X		X	O
			X	O	X			X
	X				X		X	
	X	O	X			X		X
综框	1	2	3	4	5	6	7	8

4枚缎纹与$\frac{1}{3}$斜纹组织联合构成的绉组织

设计C									提综图C	1	2	3	4	5	6	7	8
										O		X			O		X
											O		X			O		X
											X	O				X	O	
										X			O	X				O
										O		X			O		X
											O		X			O		X
											X	O				X	O	
										X			O	X				O
									综框	1	2	3	4	5	6	7	8
									4枚纬面			X					X
									缎纹				X					X
											X				X			
										X				X			
									综框	1	2	3	4	5	6	7	8
									$\frac{1}{3}$斜纹	O				O			
											O				O		
												O				O	
													O				O
									综框	1	2	3	4	5	6	7	8

旋转4枚组织构成的绉组织

设计D									提综图D	1	2	3	4	5	6	7	8
										X		X				X	X
										X	X		X		X	X	
											X		X	X			X
											X			X	X		
											X	**X**			X		
										X			**X**	X		X	
											X	**X**		X		X	X
										X	**X**				X		X
									综框	1	2	3	4	5	6	7	8

基础纹样（4枚组织）＝加粗X，然后在相邻的正方形区域中旋转

　　有很多办法可以很容易地设计出想要的纹理。在意匠纸上从基础组织开始，额外增加组织点，或者联合不同的组织结构，又或者通过旋转四枚组织来观察其变化。总之先在意匠纸上画出设计图再想办法形成该纹样。

8页综的其他纹样举例（黑方格＝综框被提起）

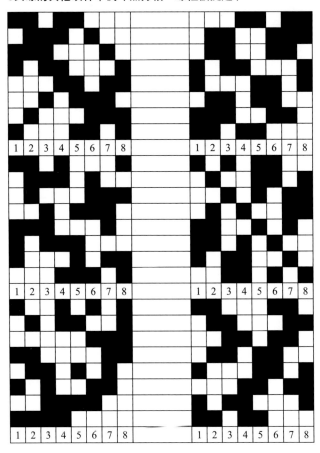

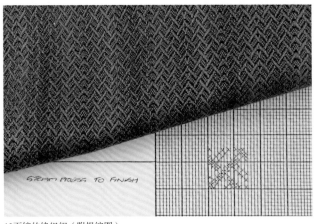

12页综的绉组织（附提综图）

6页综的穿综图

穿综图													
6						X							
5					X								
4				X									
3			X										
2		X											
1	X												

6页综的绉组织

设计						提综图		X	X	X		
								X		X	X	X
							X	X				X
							X				X	X
							X	X	X		X	
									X	X	X	
						综框	1	2	3	4	5	6

6页综的其他纹样举例（黑方格＝综框被提起）

蓝色经纱、橙色纬纱织成的6经6纬绉组织

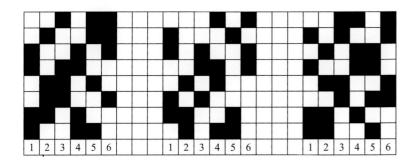

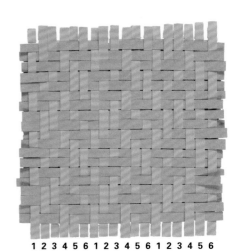

蓝色经纱、橙色纬纱织成的6经8纬绉组织

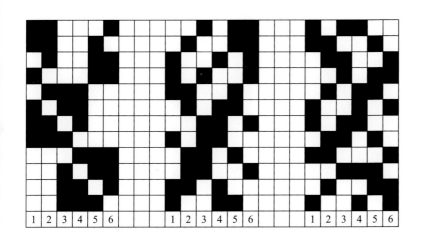

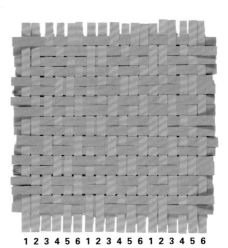

蓝色经纱、橙色纬纱织成的6经8纬绉组织

凸条组织

顾名思义，凸条组织是一种布面有凹凸肌理感的组织，凸条或垂直，或水平，或呈波浪状。凸条组织是在织物下机后，由于织物底布反面的短浮线收缩而形成，这样的结构也被称作贝德福德凸条组织（Bedford Cord）。对于大部分基础形式，贝德福德凸条织物可由4页综生产，但是为了效果更明显，可使用6页综、8页综甚至更多。

与贝德福德凸条组织结构相似，灯芯绒结构也是依靠浮线来获得，不同的是，灯芯绒要通过割断纬纱得到绒条。

纵条纹的贝德福德凸条组织

贝德福德凸条组织的定义非常清晰，是由2根或4根经纱（被称作分割线）分割的垂直方向的凸条。凸条部分由平纹或$\frac{2}{1}$斜纹织成，然而每条分割线是由2根或4根经纱为一个单元的平纹组织构成。

其穿综图是分区穿法。编织的时候，先将2根纬纱沉在第一个区域下（即凸条），接着在第二个区域编织（亦是凸条）；然后第二组纬纱在第一个区域编织，沉在第二个区域下。此外，也可以通过交替间隔配置纬纱来创立某种纹样效果。

为了更突出纹样效果，可用弹力纱将贝德福德凸条组织拉在一起

该图显示附加的纬浮线在织物反面是如何起作用的

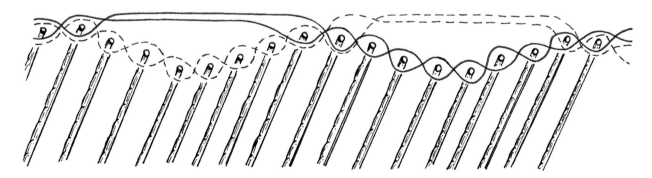

当织物下机后，浮线收缩拉紧底布形成凸条，同时在交替的纬浮线之间的分割线处形成凹陷。每个凸条的宽度通常被限制为不超过2厘米（3/4英寸），因为纬向收缩可能不足以使更大区域的底布形成凸起。自然收缩的纬纱，如羊毛纱（有天然弹性即活络感）和强捻纱，下机后纬浮线收缩会比普通纱线大。

接结经纱独立设置经轴

对于贝德福德凸条组织，如果织机上有多余的可用经轴，建议将接结经纱缠绕到另一个经轴上，与地经分开。接结经纱通常采用平纹组织，使这部分紧度更大。

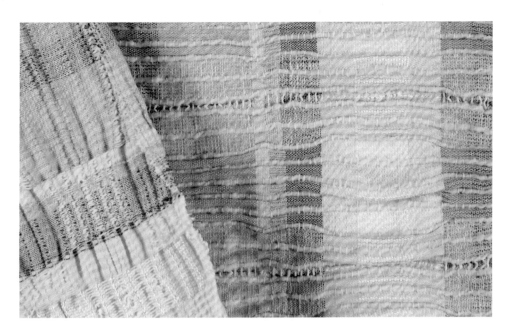

在经向使用较粗的填芯纱能够获得更好的凸条效果。这些额外的经线需要被缠绕到另一个经轴上，因为它们唯一的作用是摆平并被纬浮线挡住，所以纱线不需要被拉紧，但该经纱需要与底布经纱分开，独立施加张力。它们将被穿入单独的综框中，同时与地经穿入同一个筘齿。填芯纱应该比地经更粗，但过密的钢筘将会摩损纱线，编织时可以选择较稀的钢筘来避免这些问题。

消除纵向筘痕

如果用较稀的钢筘，将会在布面出现筘痕，即由较厚的金属筘齿片引起的纵向筘痕。下机后，经过蒸汽熨烫或轻柔水洗，这些痕迹将变得不那么明显。

4页综的贝德福德凸条组织

							提综图1		X	X	X
							一对浮线	X		X	X
								X	X		X
								X	X	X	
								1	2	3	4
穿综图											
4					X		X	提综图2		X	X	X
3				X		X		X		X	X	X
2		X		X		X			X		X	X
1	X		X		X				X	X		X
								综框	1	2	3	4

-------重复循环------- -------重复循环-------

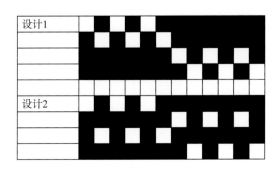

6页综的贝德福德凸条组织（穿综图中加粗X处的纱线构成凸条间的分割线）

穿综图														提综图			综框	1	2	3	4	5	6
6								X		X		X											
5							X		X		X													
4				X		X		X					提综图						X		X	X	X
3			X		X		X												X		X		X	X
2		**X**								**X**										X	X	X		X
1	**X**							**X**											X		X	X	X	

-----------重复循环----------- -----------重复循环-----------

设计														

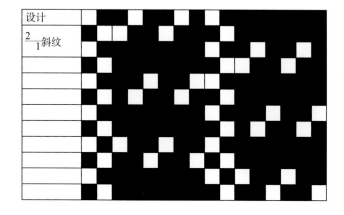

8页综的贝德福德凸条组织（穿综图中加粗X处的纱线构成凸条间的分割线）

												提综图		X	X		X	X	X	X	X
														X			X	X	X	X	X
															X	X	X	X		X	X
穿综图														X		X	X	X		X	X
8								X		X				X	X	X		X	X	X	X
7							X		X					X		X	X	X		X	X
6					X		X							X	X	X		X	X	X	X
5			X		X									X		X	X	X		X	X
4		X		X										X	X	X		X	X	X	X
3	X		X											X		X	X	X		X	X
2	**X**					**X**								X	X	X		X	X	X	X
1	X					**X**							综框	1	X	2	3	4	5	6	7	8

设计														
$\dfrac{2}{1}$斜纹														

分割线用纱独立设置经轴

在加工贝德福德凸条织物时，较合理的方法是将分割线用纱单独缠绕到一个经轴上，与凸条部分经纱分开。分割线处经纱用平纹组织织成，这样可以比凸条部分张力更紧，因为凸条部分经纱交织并不频繁。

使用填纱的8页综贝德福德凸条组织（穿综图中加粗X处的纱线构成凸条间的分割线，加粗O处是填芯纱）

综框															
8												O			O
7						O		O							
6											X		X		
5										X		X			
4					X		X								
3				X		X									
2		X		X					X		X				
1	X		X					X		X					

----------------重复循环---------------- ----------------重复循环----------------

穿箔图																

使用填芯纱的贝德福德凸条组织提综图

A								B							
									X		X	X	X		X
								X		X		X	X	X	X
									X	X	X				
									X		X	X	X		X
	X		X	X	X		X		X		X	X	X		X
X		X		X	X		X		X		X	X	X		X
	X	X	X			X	X			X	X	X		X	X
X		X	X	X			X		X		X	X	X		X
1	2	3	4	5	6	7	8	1	2	3	4	5	6	7	8

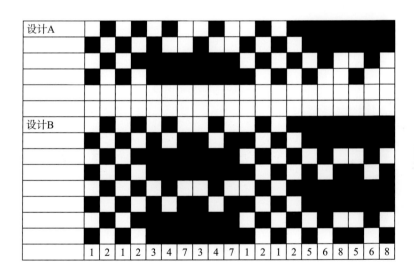

设计A

设计B

	1	2	1	2	3	4	7	3	4	7	1	2	1	2	5	6	8	5	6	8

设计A：贝德福德凸条组织
设计B：使用填纱织入底布的贝德福德凸条组织

对角斜线纹样的贝德福德凸条组织

斜向凸条组织至少需要用8页综。这里没有独立的接结经纱，因为凸条沿对角线方向形成纹样的过程中，地经起着不同的作用。

提综图（右侧），综框 1–8：

	综框	1	2	3	4	5	6	7	8
提综图	D	X		X		X			X
		X	X	X	X	X	X		X
		X		X		X		X	
		X	X	X	X	X	X	X	X
	C	X		X		X			X
		X	X	X	X			X	X
		X		X			X		
		X	X	X	X		X	X	X
	B	X		X		X			X
		X	X		X	X	X	X	X
		X		X		X		X	
		X	X		X	X	X	X	X
	A		X		X		X		X
		X	X	X	X	X	X	X	
			X		X		X		X
		X		X		X		X	

穿综图（左侧），综框为行 1–8，经纱沿对角线穿综：

综框\经纱	1	2	3	4	5	6	7	8	9	10	11	12	13
8										X		X	
7									X		X		
6							X		X				
5						X		X					
4				X		X							
3			X		X								
2		X		X									
1	X		X										

提综图以A、B、C、D四个图重复展开，如果按照整个提综图重复一遍，可以获得较平缓的斜向凸条；或者重复四个提综图的每个部分，可以获得较陡的斜向凸条；为了获得波浪状的凸条，可以每个部分逐渐增加或减少循环次数，比如：A×2、B×3、C×4、D×5、A×4、B×3、C×2、D×3、A×4、B×5、C×4、D×3。

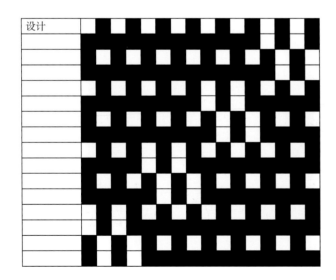

设计

12页综顺穿法编织的对角斜线纹贝德福德凸条组织

	1	2	3	4	5	6	7	8	9	10	11	12
提综图		X		X		X		X		X		X
	X	X	X	X	X	X	X	X	X	X		X
	X		X		X		X		X		X	
	X	X	X	X	X	X	X	X	X	X	X	
		X		X		X		X		X		X
		X	X	X	X	X	X	X	X	X		X
		X		X		X		X		X		X
	X	X	X	X	X	X	X	X	X	X		
		X		X		X		X		X		X
	X	X	X	X	X	X	X			X	X	X
		X		X		X		X		X		X
	X	X	X	X	X	X	X	X	X	X		X
12		X		X		X		X		X		X
11	X	X	X	X		X		X		X		X
10		X		X		X		X		X		X
9	X	X	X	X	X	X		X		X		X
8		X		X		X		X		X		X
7	X	X		X		X	X	X	X	X		X
6		X		X		X		X		X		
5	X	X	X		X		X		X			
4		X		X		X		X				
3		X		X	X	X	X	X	X	X	X	X
2	X		X		X		X		X		X	
1	X		X	X	X	X	X	X	X	X	X	X
综框	1	2	3	4	5	6	7	8	9	10	11	12

穿综图（顺穿：1—12）

设计

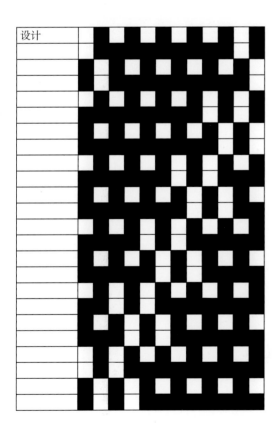

横条状的贝德福德凸条组织

　　水平方向上的贝德福德凸条不同于垂直方向和斜向的贝德福德凸条的编织方式。横向凸条横跨整个布面时常常被称作"饰边"。产生这种效果需要两组经纱，一组里经、一组表经，且两组经纱需要被卷绕到不同的经轴上。里经在织物的反面形成浮线，织物反面比正面设置得更疏松，并且需要大张力。下机后这些凸条效果才会更明显，此时里经浮线也被放松。

　　织物正面可以用多种组织结构编织而成，如平纹、斜纹或缎纹。穿筘时，额外的经纱将与先前的地经穿在同一筘齿中。增加纬向填芯纱将使凸条效果更明显。

额外添加经纱的特征选择

　　表经通常需要比里经纱线更细，或者两者同样粗细。否则浮线将无法拉起凸条。

◆ 如果用一根尺寸稳定的纱线（如棉线）做额外添加的经纱，则要求该纱线结实，因需要处于大张力的状态下。凸条的高度受浮线的长度所限，浮线越长，拉起凸条的可能性就越小，结果可能呈现一个很柔和的波浪形。增加纬向填芯纱可以加强凸条效果。

◆ 在大张力的状态下编织结实的羊毛纱。一旦下机后，由于羊毛自身的弹性将会自然收缩，导致凸条效果更明显。

◆ 经过湿整理后羊毛将发生皱缩或者毡化，使凸条效果更明显。

横条状的贝德福德凸条织物的正、反面效果；地经用6页综、山形穿综法，额外添加的经纱用2页综

6页综的横条状贝德福德凸条组织（穿综图中的地经＝X，额外的添经＝O）

穿综图											提综图							
6					O				O									
5			O					O			C	X	X	X	X		
4				X				X									
3			X				X				B		X		X		
2		X				X						X		X			
1	X				X						A		X		X		X
												X		X		X	
穿筘图	■	■		■	■						综框	1	2	3	4	5	6
			■	■			■	■									

穿筘图

这里有两组经纱。一组地经，另一组额外添加的经纱，第二组经纱在织物反面形成浮线，或者对纬向填芯纱进行定位。经纱穿筘时，额外添加的经纱将与先前的两根地经穿在同一筘齿中。增加纬向填芯纱将使凸条效果更明显，但这些填芯纱仅仅参与了凸条的形成，并未暴露在织物表面。

提综图

提综图A：把两组经纱织在一起，里经起支撑稳定的作用。重复两次或更多次取决于凸条之间的设计宽度。

提综图B：表经编织平纹，里经浮在反面，重复编织直到凸条达到所需尺寸。

提综图C：此处加入纬向填芯纱。

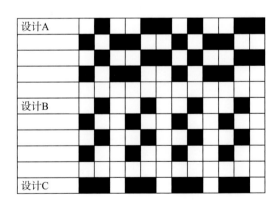

可以尝试使用4页综编织斜纹而不是平纹，或者联合两种组织，在织物表面的凸条上添加额外的点缀。

波纹状的贝德福德凸条组织

　　用里经在底布上编织菱形或之字形纹样，从而在织物整个幅宽上形成一条波纹。里经的"接结点"在底布上接结成形，然后在布的反面形成浮线，直到形成下一个纹样。在此过程中，纬向填芯纱被填入纹样的空隙中。为了获得显著的纹样效果，保证里经张力是非常重要的。

　　大部分综框用于穿里经，以便形成纹样。最少需要6页综，其中4页用于构成凸形纹样，2页用于编织织物正面。

穿综图1：6页综的波纹状贝德福德凸条组织

穿综图														
6									O					
5							O				O			
4					O								O	
3			O											
2		X		X		X		X		X		X		
1	X		X		X		X		X		X			
穿箍图	■	■		■	■		■	■		■	■			
			■	■		■	■		■	■		■	■	

穿综图2：6页综的波纹状贝德福德凸条组织

穿综图																
6							O									
5					O				O							
4				O							O					
3			O										O			
2		X		X		X		X		X		X		X		X
1	X		X		X		X		X		X		X		X	

--------------------重复循环-------------------- ----------------------重复循环----------------------

穿箍图	■		■		■		■		■		■		■		■	
				■	■		■	■		■	■		■	■		

提综图 A

A	1	2	3	4	5	6	
	X	X					纬向填芯纱
		X					
	X						
		X					
	X				X		
		X					
	X			X	X		
		X					
	X		X	X	X		
		X					
	X	X	X	X	X		
		X					
	X	X	X	X			
		X					
	X	X	X				
		X					
	X	X					
		X					
	X	X					
	1	2	3	4	5	6	

提综图 B

B	1	2	3	4	5	6	
	X	X					纬向填芯纱
		X					
		X					
		X					
	X			X			
		X					
	X			X	X		
		X					
	X			X	X	X	
		X					
	X		X	X	X	X	
		X					
	X			X	X	X	
		X					
	X			X	X		
		X					
	X				X		
		X					
	X	X					纬向填芯纱
		X					
	X					X	
		X					
	X				X	X	
		X					
	X			X	X	X	
		X					
	X	X	X	X	X	X	
		X					
	X			X	X	X	
		X					
	X				X	X	
		X					
	X					X	
	1	2	3	4	5	6	

波纹状的贝德福德凸条织物实例

左图：波纹状贝德福德凸条织物的正面，底布经纱为毛纱，里经为棉纱

右图：波纹状贝德福德凸条织物的反面，纬向填芯纱为粗棉纱构成

灯芯绒

这是一种在结构上与贝德福德凸条织物非常相似的织物，不同的是，灯芯绒通过割断纬浮线获得绒毛。这些绒纬必须通过接结经纱牢牢地固定在底布中，在平纹结构中至少需要2根或4根经纱固定绒纬。绒毛形成纵向的绒状凸条，通常以2:1（绒纬:地纬）的投纬比率，即按2根纬浮线、1根地纬的顺序进行织造，当然这个比率是可变的，取决于所用纱线的粗细。

◆ 粗的纬浮线和细的地纬配合——以1:1的比率织造，如果纬浮线很粗，则以1:2的比率（2根地纬）织造；

◆ 同等粗细的纬浮线和地纬——以2:1或3:1的比率织造。

用于绒纬的纱线应该是在割断后能够自然"炸开"的纱线，真丝长丝纱、任何粗细的黏胶纱或棉纱都是理想的。因为组成该纱线的单纱不加捻，或者说纺纱仅仅是为了使纤维抱合。

要生产平纹底布的灯芯绒织物，至少需要4页综；如果是斜纹底布则需要6页综或者更多；如果可以使用12页综甚至更多页综，可获得斜向条绒。

割断和未割断的纬浮线形成的灯芯绒结构图

用棉作底、黏胶长丝纱起绒形成的机织灯芯绒

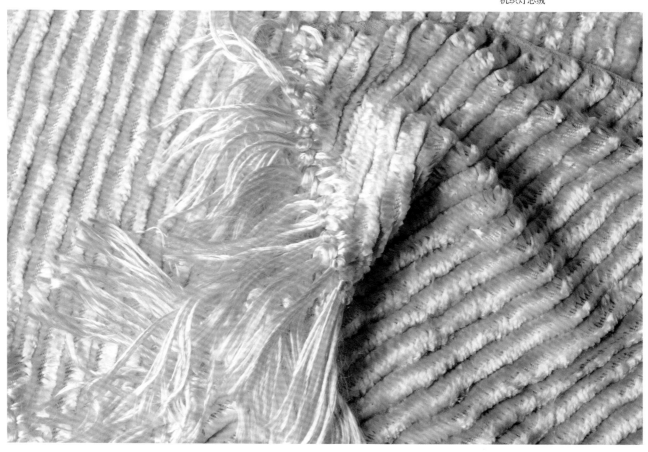

后整理

为了保证能割断纬浮线，要求纬浮线宽度能允许插入一把小且尖锐的剪刀。这个步骤可在机上或下机后完成。要注意不要割到底布，还要注意割绒时确保浮线不从底布中抽拔出来。

◆ 如果纬浮线太短，就可能在剪刀割绒时把它从底布中抽拔出来。

◆ 如果纬浮线没有牢固地织入底布中，就很容易在割绒的过程中被抽拔出来。

◆ 要用非常尖锐的剪刀割绒，否则只能拉动浮线而无法剪断。

◆ 如果纬浮线过长，形成的绒毛会软塌，无法挺拔竖立成凸条。

一旦纬浮线被割断，则需要用蒸汽熨斗的蒸汽熏烫织物（反面），以使割断的浮线被吹开。该程序的目的是使绒纬松解，再给予其刷毛整理。与此同时要确保经纱能够牢牢地固定在底布上，操作时可以在织机上和一定的张力状态下，使经纱稍稍放松并收缩，这样经纱就能够牢牢地固定在底布中了。

4页综的灯芯绒（穿综图中加粗X处的纱线为接结经纱）

穿综图										
4						X		X		X
3						X		X		X
2			**X**		**X**					
1		**X**		**X**						

--------- 重复循环---------

提综图

设计A													提综图A		X	
		■	■			■		■		■					X	X
		■			■		■		■				X			
		■	■		■		■		■				X		X	
												综框	1	2	3	4

设计B													提综图B		X	
		■	■													
		■			■		■		■					X		X
		■	■		■		■		■				X			
												综框	1	2	3	4

设计C													提综图C		X	
		■	■												X	
		■												X		X
		■	■		■		■		■					X		
		■			■		■		■				X		X	
												综框	1	2	3	4

设计A：纬浮纱（绒纬）与地纬的比率为1:1，地纬较细，纬浮纱较粗。

设计B：纬浮纱（绒纬）与地纬的比率为2:1，纬浮纱与地纬相同粗细，或者纬浮纱稍稍粗一点，以便获得饱满的绒毛感。

设计C：纬浮纱（绒纬）与地纬的比率为3:1，纬浮纱与地纬相同粗细，或者纬浮纱稍稍粗一点，以便获得饱满的绒毛感。

6页综灯芯绒的穿综图（穿综图中加粗X处的纱线为接结经纱）

穿综图												
6								X				X
5							X				X	
4						X				X		
3					X				X			
2		**X**		**X**								
1	**X**		**X**									

------------重复循环------------

提综图

设计D

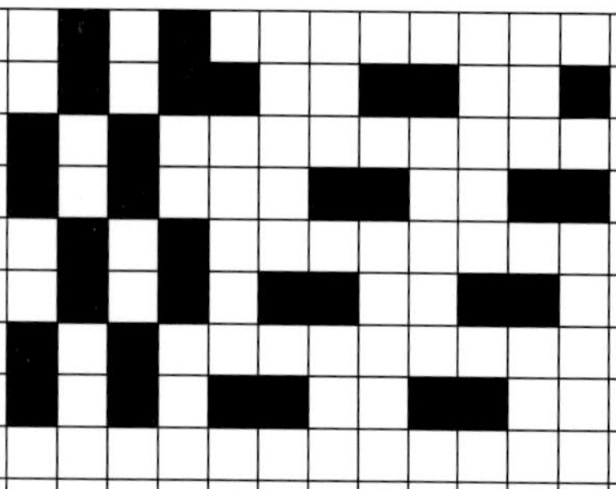

提综图D						
		X				
		X	X			X
	X					
	X				X	X
		X				
		X		X	X	
	X					
	X		X	X		
综框	1	2	3	4	5	6

设计E

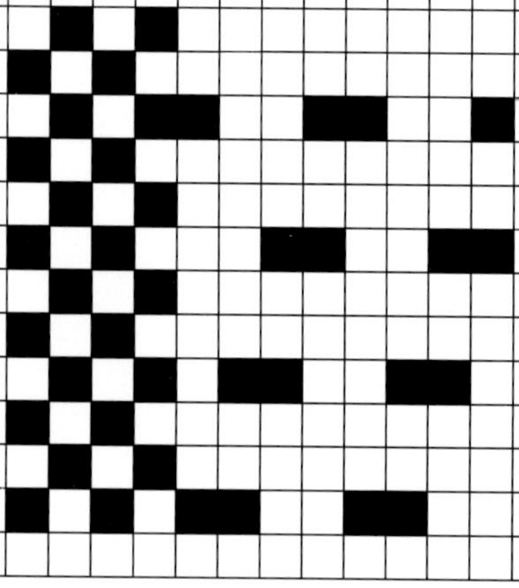

提综图E						
		X				
	X					
		X	X			X
	X					
		X				
	X				X	X
		X				
	X					
		X		X	X	
	X					
		X				
	X		X	X		
综框	1	2	3	4	5	6

设计D：$\frac{2}{2}$斜纹底布，纬浮纱（绒纬）与地纬的比率为1：1，地纬较细，纬浮纱较粗。

设计E：$\frac{2}{2}$斜纹底布，纬浮纱（绒纬）与地纬的比率为2：1，纬浮纱与地纬相同粗细，或者纬浮纱稍稍粗一点，以便获得饱满的绒毛感。

12页综的斜向灯芯绒穿综图

穿综图												
12												X
11											X	
10										X		
9									X			
8								X				
7							X					
6						X						
5					X							
4				X								
3			X									
2		X										
1	X											

--------------------重复循环--------------------

提综图												
		X										X
	X		X									
		X		X		X		X		X		X
	X										X	
		X										X
	X		X		X		X		X		X	
										X		X
	X									X		
		X		X		X		X		X		X
									X		X	
									X			X
	X		X		X		X		X		X	
								X		X		
								X			X	
		X		X		X		X		X		X
							X		X			
							X			X		
	X		X		X		X		X		X	
						X		X				
						X			X			
		X		X		X		X		X		X
					X		X					
					X			X				
	X		X		X		X		X		X	
				X		X						
				X			X					
		X		X		X		X		X		X
			X		X							
			X			X						
	X		X		X		X		X		X	
		X		X								
		X			X							
	X		X		X		X		X		X	
	X		X									
	X			X								
	X		X		X		X		X		X	
综框	1	2	3	4	5	6	7	8	9	10	11	12

第七章

经浮和纬浮的花式织物

该技术通常运用在一个结实的底布上，用经浮纱或纬浮纱，或者同时使用经、纬浮纱在布面创建纹样、图形和形状进行装饰，却不损伤基础结构的牢度。所以，如果设计者拉出经、纬浮纱，仍可以保留一个完整的地组织。

在设计织物时，用经浮或纬浮技术，有时也被称为添经或添纬技术，可以获得更多的令人兴奋的可能性。通过使用少量的综框以及巧妙的颜色使用，可以设计出丰富、精致的织物。任意使用更多的综框，设计者可以创建出复杂的、写实的纹样或满地纹样。

无论纹样是由经浮纱还是纬浮纱所构成，均分布在基布或底布之上。那些浮线按照规定的间隔与地纱交织构成所需的形状或纹样，其余浮线位于织物背面。

当使用该技术时，经浮纱或纬浮纱可以考虑从纱线色彩、纱线粗细、纱线肌理或上述三个方面同时与所选择的底布纱线进行对比——取决于所需的效果。因为该技术所用的纱线是在底布基础上附加的，所以它们可以变化使用比例，用于设计中的任何部位。

用于经浮和纬浮组织的综框数越多，设计者就有更多的机会去设计写实图案，设计更易于辨认的纹样形状。几何化的花朵和昆虫、鸟类等动物，包括建筑以及复杂的图案都可以实现。只需要用设计者的想象力结合所用的设备，可能性就是无限的。

经浮和纬浮结构的比较

经浮结构：

◆ 需要使用两组经纱，所以有两倍的上机装造工作量。

◆ 一旦决定了经浮纱使用的纱线类型，在整个织造过程中就不能变了，就像色纱一样。如果设计者愿意，可以对不同的经纱进行扎染或对经浮纱进行浸染以获得变化。

◆ 通过改变经浮纱的穿综，可以改变纹样的比例，创建小的或更大的图案。

◆ 一旦织机准备好，与纬浮纱结构相比，经浮结构只有一组纬纱，能够编织得更快。

纬浮结构：

◆ 纬浮结构只需要一组经纱，所以装造织机时比较节省时间。

◆ 纬浮纱通过纬向编织添加，所以在编织过程中，设计者可以根据自己的意愿改变颜色和纱线类型。

◆ 易受到纹样尺寸的限制，因为纹样尺寸是由经纱的粗细决定的——每厘米/英寸的经纱数越多，纹样就越小。可以用阶梯式的穿综法增大纹样尺寸，但纹样形状会变得有棱角，不圆润。

◆ 编织效率比较低，因为有1根纬纱织底布，还有1根或2根纬纱织纹样。

固定并缩短浮线

请记住在织造过程时，浮在布面的经浮纱或纬浮纱处于张紧状态下，会呈现为一条直线；一旦织物下机，浮纱松弛并且移动，会呈现出不太准确的形状。所以在编织时，确保形成花型的浮线不要过长，并且以固定的间隔被织入织物中，以避免上述现象发生。

经浮纱纹样的形成

◆ 最少可以用4页综创建一个基础纹样：2页用于地纱，2页用于穿经浮纱。

◆ 为了变化纹样尺寸，可以给经浮纱配置多页综框，或者在每页综框里按顺序穿多根经纱。

◆ 为了产生更强烈的对比，经浮纱可以比地纱更粗；如果不需要那么强烈的对比效果，可以用和地纱一样粗细的经纱。

◆ 当地纱仅穿入2页综框时，将被限制只能织成平纹结构，但是能空出更多的综框形成纹样。

◆ 就底布而言，在不同的设计中底布或多或少都是可见的。它是单色吗？它仅仅用以承载经浮纱构成的纹样吗？或者可以在底布上设计条纹，在整体效果的基础上增加趣味性和复杂性吗？设计时思考一下这些问题。

◆ 穿筘时，经浮纱将与地纱穿入同一筘齿中。

◆ 经浮纱可用于握持纬浮纱，以增加趣味性。

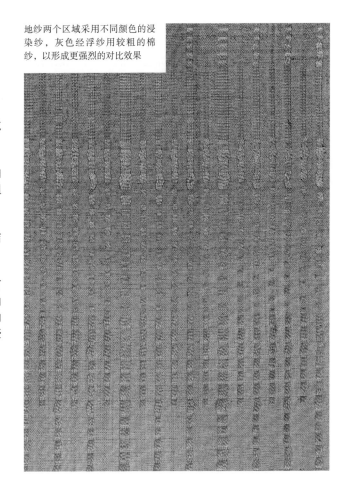

地纱两个区域采用不同颜色的浸染纱，灰色经浮纱用较粗的棉纱，以形成更强烈的对比效果

棉地纱与棉经浮纱形成格纹

棉地纱以平纹和斜纹的组织结构与棉经浮纱形成格纹

单根经浮纱的结构图

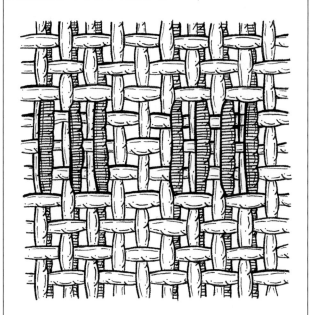

4页综的经浮纱结构实例（地经＝X，浮经＝O）

1. 多组经纱穿在第3页、第4页综上形成点状纹样（地纱与经浮纱的密度相等）

穿综图														
4												O		O
3					O		O							
2			X		X			X			X		X	
1		X		X		X			X		X		X	

---重复循环--- ---重复循环--- ---重复循环--- ---重复循环---

穿箅图												
		■				■				■		
	■			■	■			■	■			■

所有穿箅图均基于每箅齿穿两根地纱。

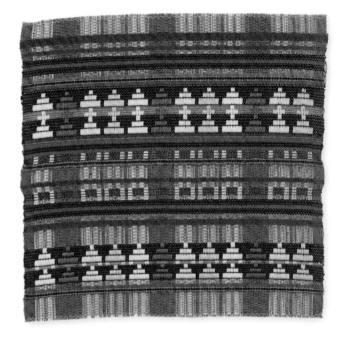

右图：棉地纱以及棉经浮纱分别穿入3页综框，形成多种变化的简单纹样

提综图举例：经浮纱穿综方案1

A				B				C				D				
														X	X	纬浮纱
					X					X	X	X				
					X				X			X		X		X	重复循环
	X				X		X		X	X	X		X		X	
X		X	X		X		X		X			X			X	
	X				X		X		X	X	X		X		X	
X		X			X		X		X			X			X	
	X		X		X				X	X	X			X	X	纬浮纱
X		X							X			X			X	
	X	X			X	X			X			X		X	X	重复循环
X		X		X		X			X			X			X	
	X				X	X						X		X	X	
X		X		X		X						X			X	
1	2	3	4	1	2	3	4	1	2	3	4	1	2	3	4	

提综图D右侧的文字说明仅适用于提综图D

提综图A：小方格纹同时浮在布面。

提综图B：交错的小方格纹

提综图C：方格纹——经浮纱交错织入底布。

提综图D：纬浮纱被经浮纱握持在布面形成之字形纹样（单根经纱扭曲）。

以上所有提综图可根据需要进行局部重复，以获得所需的尺寸。

2. 多组经纱穿在第3页、第4页综上形成装饰条带（地纱与经浮纱的密度相等）

穿综图														
4							O		O					
3					O		O					O		O
2			X		X		X				X		X	
1		X		X		X			X		X			

---重复循环--- ---重复循环--- ---重复循环--- ---重复循环---

穿箅图												
		■				■				■		
	■			■	■			■	■			■

提综图举例：经浮纱穿综方案2

E				F				G				H			
					X		X								
				X											
					X	X				X		X			X
				X						X	X		X		
				X						X	X				X
				X		X					X		X		
	X		X		X	X	X			X	X				X
X		X		X				X		X	X		X		
	X		X		X	X	X			X	X				X
X		X		X				X		X	X		X		
	X		X			X	X				X			X	
X		X		X				X		X	X		X		
	X	X			X	X	X			X	X			X	
X		X		X				X		X	X		X		
	X	X			X	X	X			X	X			X	
X		X		X				X		X	X		X		
	X	X			X	X	X			X				X	
X		X			X			X				X		X	
1	2	3	4	1	2	3	4	1	2	3	4	1	2	3	4

提综图E：小方格纹同时浮在布面。
提综图F：渐变条纹。
提综图G：方格纹——浮线交错织入底布。
提综图H：纬浮纱被经浮纱握持，形成对比格纹。

3. 多组经纱穿在第3页、第4页综上形成装饰

穿综图							
4					O		O
3			O		O		
2		X		X		X	
1	X		X		X		

-------重复循环------- -------重复循环-------

穿筘图								

提综图举例：经浮纱穿综方案3
A,B,C,E,F,G,H

当使用提综图时，可根据需要进行局部重复，以获得设计所需的尺寸。

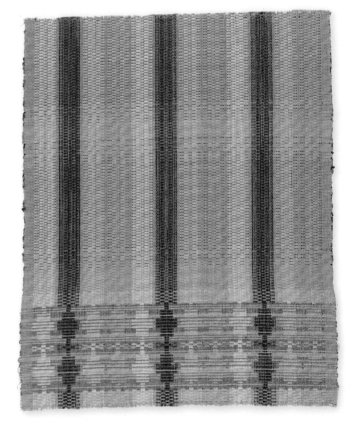

棉地纱以及棉经浮纱分别穿入3页综框，简单的纹样形成边缘，经浮纱被稳定地织入底布中形成条纹

简单经浮纱结构形成的格纹实例

真丝经浮线形成简单的格纹，在斜纹和平纹的真丝底布上形成装饰条纹

地纱是透明锦纶单丝，经浮纱是烟灰色锦纶单丝；当织物下机时，由于底布织物的轻微收缩，经浮纱的长浮线被凸起

真丝底布，被穿入8页综框；经浮纱选用较粗的真丝纱，增强与底布的对比

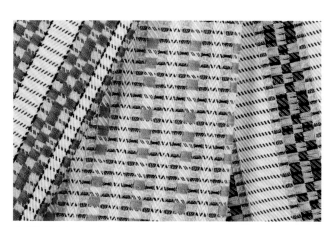

系列作品展示；真丝底布，被穿入8页综框；经浮纱选用较粗的真丝纱，增强与底布的对比

该图展示了织物的反面（右图为织物的正面）；地纱是棉纱、经浮纱是毛纱；织物下机后，进行了轻微洗涤，羊毛发生缩绒

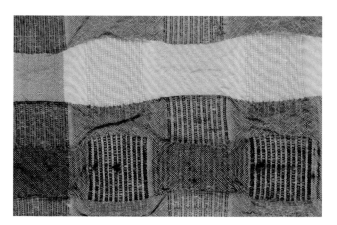

最简单的4页综编织的双层结构，分别用于编织底布和黑色的经浮纱

底布分2个区穿综，每个区使用6页综；经浮纱是黏胶毛绒线，部分被织入底布、部分浮在布面，当织物下机时，浮线被割断

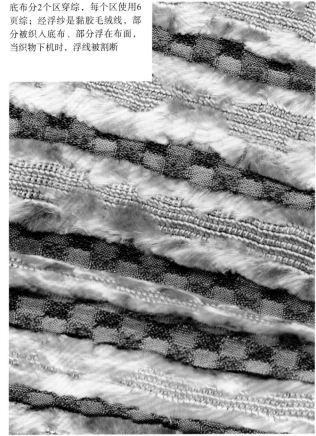

该图呈现了织物正面效果；底布用纯色的金银丝和真丝，经浮纱为羊毛纱，将经纱编织在一起，然后羊毛纱浮起；当织物洗涤时，羊毛缩绒，导致底布皱缩

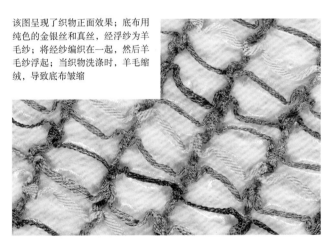

该图是左图织物的反面效果

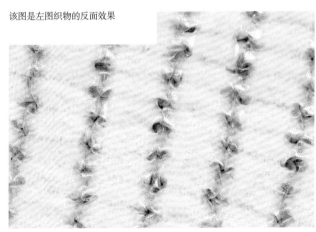

该图呈现了织物正面效果；底布用纯色的金银丝和真丝，经浮纱为羊毛纱；将经纱编织在一起，然后羊毛纱浮起；当织物洗涤时，羊毛缩绒，导致底布皱缩

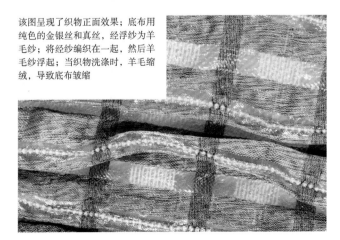

该图是左图织物的反面效果

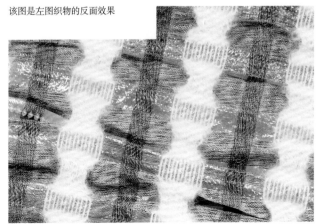

6页综的经浮纱结构实例（地纱＝X，经浮纱＝O）

4. 6页综、山形穿综法的经浮结构：独立纹样（地纱与经浮纱的密度相等）

穿综图

6													O						
5										O			O						
4								O							O				
3						O											O		
2			X		X		X			X		X		X		X		X	
1		X		X	X			X			X			X			X		

---重复循环---

穿箍图

提综图举例：经浮纱穿综方案4

I						J						K					
									X								
								X									
	X						X					X			X		X
X						X							X			X	
	X						X							X			X
X			X			X		X		X		X				X	
	X			X			X		X				X		X		
X			X	X		X		X		X		X		X		X	
	X		X				X		X								
X	X		X	X		X		X		X		X	X		X	X	
	X	X		X			X		X								
X			X			X		X		X		X		X		X	
		X		X			X		X								
X			X			X		X		X		X		X		X	
1	**2**	**3**	**4**	**5**	**6**	**1**	**2**	**3**	**4**	**5**	**6**	**1**	**2**	**3**	**4**	**5**	**6**

提综图举例：经浮纱穿综方案4

L						M						N					
	X	X	X	X				X							X		
X		X	X	X	X		X						X	X			
	X	X	X	X					X					X	X	X	
X								X	X				X	X	X	X	X
							X	X	X							X	
X								X							X	X	
	X						X	X	X				X	X	X	X	X
X								X						X	X	X	
	X						X								X		
1	**2**	**3**	**4**	**5**	**6**	**1**	**2**	**3**	**4**	**5**	**6**	**1**	**2**	**3**	**4**	**5**	**6**

提综图I：菱形纹样。
提综图J：周边带有点状线迹的菱形纹样。
提综图K：V形纹样。
提综图L：形成连续条纹的菱形纹样。
提综图M：开口菱形纹样。
提综图N：三角形纹样。

5. 通过在每页综框连续穿过2根经纱来增大纹样尺寸：适合所有纹样（地纱与经浮纱的密度相等）

穿综图

6												O	O						
5								O	O						O	O			
4					O	O											O	O	
3		O	O																
2				X			X			X			X			X			X
1		X			X			X			X			X			X		

穿箍图

O						P						Q					
	X						X										
X						X											
	X			X			X			X			X	X			X
X				X		X				X		X					X
X			X	X			X			X		X				X	X
	X	X	X					X	X	X			X		X	X	
X		X	X					X	X	X		X		X	X	X	
	X	X	X	X				X	X	X	X		X		X	X	
X		X	X	X				X	X	X	X	X		X	X	X	
	X		X	X				X	X	X			X		X	X	X	
X			X	X				X	X	X		X			X	X	X	
	X			X					X				X		X	X	X	
X				X					X			X			X	X	X	
	X			X					X				X		X	X		
X				X					X			X			X	X		
1	2	3	4	5	6	1	2	3	4	5	6	1	2	3	4	5	6

R						S						T					
																	X
										X							
																	X
										X							
											X						
										X							
											X						
	X	X		X						X							
X		X		X							X						
	X		X		X			X	X	X							
X		X		X			X			X							
	X	X		X		X	X	X	X		X						
X		X		X		X			X	X							
	X		X	X		X	X	X	X		X						
X		X	X	X		X	X		X	X							
	X		X		X		X		X								
X		X	X	X		X	X	X	X		X						
X		X	X	X		X	X	X	X	X							
	X		X		X		X	X	X								
X		X	X	X		X			X	X							
1	2	3	4	5	6	1	2	3	4	5	6	1	2	3	4	5	6

提综图O：菱形轮廓纹样。
提综图P：实心菱形纹样。
提综图Q：V形纹样。
提综图R：与平纹组织结合的菱形纹样。
提综图S：实心V形纹样。
提综图T：纬浮纱被经浮纱握持的菱形纹样。

　　为了使地纱与经浮纱的纹样之间形成对比，可以尝试用2根较细的纱线代替单根粗经纱，这将获得柔软的效果；或者通过每一组纱使用不同的色彩来形成令人兴奋的色彩动感；又或者每一组纱使用相同色彩，形成沉稳的效果。

6. 经浮纱形成装饰条（2组经浮纱，1组地纱）

穿综图																								
6				O	O																			
5																O	O							
4													O	O					O	O				
3										O	O											O	O	
2		X				X		X				X						X						X
1	X		X				X		X						X						X			

-重复循环---重复循环--- -重复循环-----------------------------------重复循环-----------------------------------

穿筘图			■	■	■	■			■	■	■	■	■	■							■	■	■	■
	■	■					■	■							■	■	■	■	■	■				

提综图举例：经浮纱穿综方案6

U								V								W					
																		X			X
																	X				
																		X			X
																X					
																				X	X
																X					
																		X			X
																	X				
																		X			X
																X					
																			X		X
																X					
	X	X							X	X									X		X
X		X			X			X		X	X						X				
	X	X	X		X				X	X	X	X							X		X
X		X	X		X			X		X	X					X					
	X		X	X	X				X	X			X							X	X
X			X	X				X				X	X				X				
	X	X	X		X				X		X	X	X							X	X
X		X	X		X			X		X	X	X	X			X					
	X	X			X				X		X	X	X					X			X
X		X			X			X				X	X				X				
	X			X					X	X								X			X
X				X	X			X		X	X					X					
	X		X	X	X				X	X	X	X								X	X
X			X	X	X			X		X	X						X				
	X	X	X		X				X	X			X							X	X
X		X	X					X				X	X			X					
	X		X	X	X				X		X	X	X						X		X
X			X	X	X			X		X	X	X	X				X				
	X			X	X				X		X	X	X						X		X
X				X	X			X				X	X			X					
1	2	3	4	5	6			1	2	3	4	5	6			1	2	3	4	5	6

提综图U：实心菱形纹样——形成大尺寸的连续条纹。
提综图V：实心菱形纹样——形成小尺寸的块状条纹。
提综图W：经浮纱握持纬浮纱形成菱形纹样和连续条纹。

经浮纱结构形成的简单纹样实例

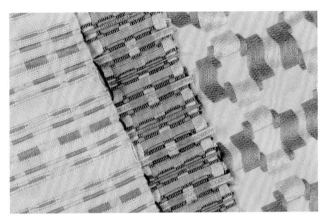

绢丝纱做经、纬纱，绢丝纱做经浮
纱形成的简单纹样系列织物

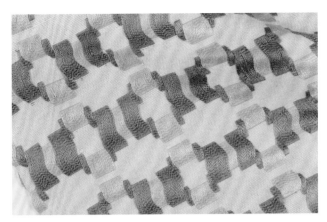

绢丝纱做经、纬纱，绢丝纱做经浮
纱形成的简单纹样织物

用绢丝、锦纶单丝做地经，同时用
绢丝纱做经浮纱；当织物下机后，
较长的经浮纱松弛，偏移原设计
位置

绢丝地经穿入2页综、绢丝经浮纱穿
入4页综形成的纹样

棉地经穿入2页综、经浮纱穿入4页综，用山形穿综法织成的纹样

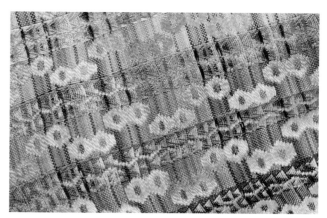

绢丝地经穿入8页综、绢丝经浮纱穿入16页综形成的纹样

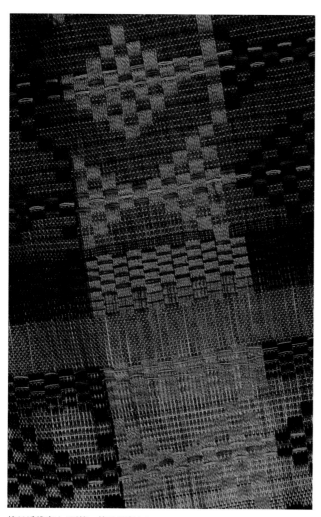

棉经浮线穿入6页综、棉地经穿入2页综形成的纹样

棉地经穿入4页综编织平纹和斜纹组织；棉经浮纱也穿入4页综形成的菱形纹样

经浮纱纹样的比例

　　为了获得一个令人满意的纹样形状，设计者需要计算用多少根纬纱。如果想获得相同高度和宽度的纹样形状，并且使用同样粗细的经纱和纬纱，要求纬纱的根数与经纱的根数相等。如果想使纹样形状更长，可以选择增加提综图的长度或使用较粗的纬纱。如果想使纹样形状变短，可以缩短提综图的长度或使用较细的纬纱。

地经用绢丝纱，穿入2页综，织成平
纹结构；经浮纱用全棉雪尼尔纱，
穿入4页综形成的纹样

地经用绢丝纱，穿入2页综，织成平
纹结构；经浮纱用全棉雪尼尔纱，
穿入4页综形成的纹样

地经和经浮纱均采用4页综，该图展
示了织物的正反面外观效果，在织
物反面可以清楚地看到经浮纱的
浮线

两组经浮纱结构

　　利用两组经浮纱的相互作用，有可能用相对较少的综框而获得令人兴奋的颜色和肌理的组合。最好是每组经浮纱分别使用一个经轴，但如果只有两个经轴，那么可以将两组经浮纱绕在一个经轴上，然后将地经绕在另一个经轴上。开始准备经纱时，需要并列卷绕两组经浮纱。

　　将两组经浮纱绕在一个经轴上时，分别取经浮纱1和经浮纱2各一根，将它们同时绕在整经机上或整经架上。穿综时，每个分绞中有两根经纱，其中一根为经浮纱。根据穿综图，交替变换每种颜色。

7．8页综的两组经浮纱（在下面的穿综图中，地经＝X，经浮纱1＝O，经浮纱2＝Z）

穿综图																	
8									Z		Z						
7					Z		Z						Z		Z		
6		Z		Z													
5								Z		O							
4				O		O						O		O			
3		O		O													
2			X			X			X			X					
1		X			X			X			X						

-----------------重复循环-----------------

穿筘图																	

　　穿筘图中，每一个筘齿里穿2根地经，包括经浮纱1和2分别两根，总计每一个筘齿里穿6根经纱。

两组经浮纱的实例

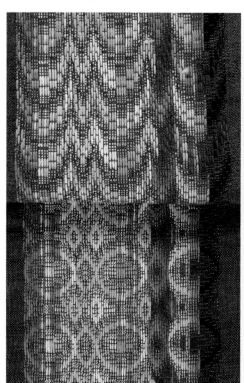

左图：该图呈现了织物的正面外观效果；亚麻地经穿入4页综，棉经浮纱穿入6页综形成的纹样

右图：该图呈现了织物的反面外观效果；亚麻地经穿入4页综，棉经浮纱穿入6页综形成的纹样

提综图举例：经浮纱穿综方案7

X								Y								Z							
									X														
									X														
									X				X										
									X				X										
									X			X	X										
									X			X	X										
									X		X	X	X			X				X	X		
									X		X	X	X			X				X	X		
									X		X	X	X				X			X	X		
									X	X	X	X				X			X		X		X
									X			X	X				X		X			X	X
									X			X	X				X		X			X	X
	X			X	X	X			X								X	X	X				X
X				X	X	X			X								X		X	X			X
	X			X	X	X			X			X					X		X	X			X
X		X			X				X			X					X			X	X		
	X	X	X	X	X				X			X					X		X	X			
X		X							X			X					X		X	X			
	X	X	X			X			X	X	X						X		X	X			X
X			X			X			X	X	X						X		X	X			X
	X			X	X				X	X	X						X		X	X			X
X		X			X	X			X								X		X			X	X
	X	X			X	X			X								X		X			X	X
X				X		X			X		X						X		X			X	X
1	2	3	4	5	6	7	8	1	2	3	4	5	6	7	8	1	2	3	4	5	6	7	8

提综图X：之字形纹样——经浮纱间隔交替，看不见底布。
提综图Y：之字形纹样——经浮纱间隔交替，可见底布。
提综图Z：联锁（相互嵌套）的菱形纹样，看不见底布。

如何处理经纱浮线

下面有几种方式处理织物上未编织的浮线。

1. 浮纱在织物正面进行正常编织，但在底布反面是自由的浮线。如果底布足够紧密，浮线就不会被注意到，是可以接受的，并且在这种情况下织物的使用是可行的。

2. 如果底布是轻薄的甚至是透明的，那么从织物正面可以看到背面的浮线。为了避免这种情况，可以围绕着图案将浮线牢固地编织在底布中，当织物下机后，剪断浮线即可。

3. 以规则的间隔将浮纱缝入底布的反面，并且沿着底布的组织结构还可以在某种程度上进行遮掩。沿着斜纹组织的浮长线可以很好地隐藏浮线的缝合线迹。如果底布采用平纹组织，缝合线迹是可见的，但可以增强整体效果。

4. 可以用多余的浮线形成小型纹样，如条纹或几何图形，共同构成更加完整、复杂的纹样，也会使织物成品更加厚实。

独立纹样经浮纱结构的穿综举例：地经（X）穿入4页综，经浮纱（O）穿入8页综

综框													
12													O
11												O	
10											O		
9										O			
8									O				
7								O					
6							O						
5						O							
4			X			X						X	
3				X			X				X		
2		X			X					X			
1	X			X					X				

---重复循环---

将浮线嵌入底布的提综图举例

轻薄或透明底布的提综图举例：经浮纱在纹样的上下按照平纹组织织入底布

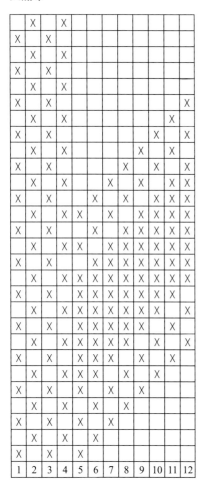

1	2	3	4	5	6	7	8	9	10	11	12

用浮线形成小型纹样或图案的提综图举例

1	2	3	4	5	6	7	8	9	10	11	12

浮线割断的设计实例

锦纶单丝做地经、真丝做经浮纱，在织物反面的浮线被割断露出轻薄的底布

锦纶单丝做地经、真丝做经浮纱，在织物反面的浮线被割断露出轻薄的底布

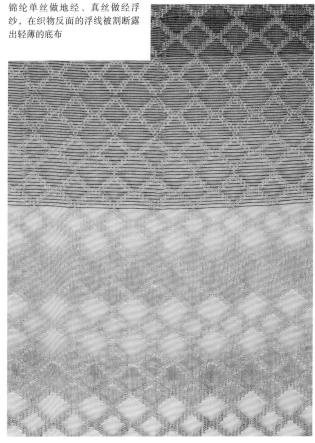

锦纶单丝做地经、真丝做经浮纱，在织物反面的浮线被割断露出轻薄的底布；在两部分经浮纹样之间，地经纱被织入纬纱扭曲的结构中

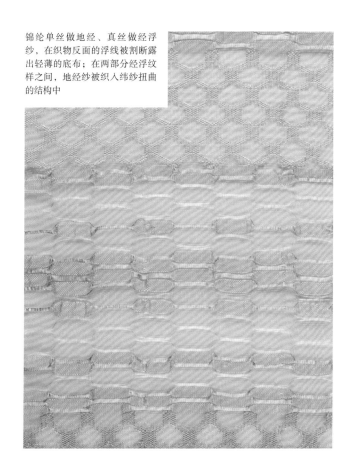

绢丝纱做地经、棉雪尼尔纱做经浮纱，割断棉雪尼尔浮线露出轻薄的真丝底布

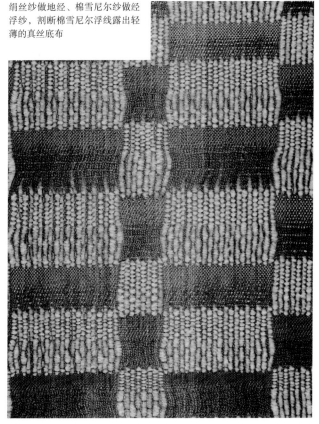

纬浮纱纹样的形成

最简单的浮纬结构图

◆ 该结构只有一组经纱，然而需要两组纬纱。一组用于编织底布，另一组用于形成纹样。

◆ 在形成纹样时，底布的纬纱与形成纹样的纬浮纱交替织入。

◆ 在编织纹样时，任何颜色、肌理的纱线都可以用作纬纱，为设计提供更多的可能性。

◆ 编织时使用的综框越多，纹样可以越复杂。

◆ 纹样或装饰图案的尺寸取决于经纱的粗细。经纱越细，且每厘米/英寸的经纱根数越多，形成的纹样就越小；经纱越粗且每厘米/英寸的经纱根数越少，形成的纹样就越大。

◆ 最简单的纬浮纱结构至少需要4页或6页综才能织成。

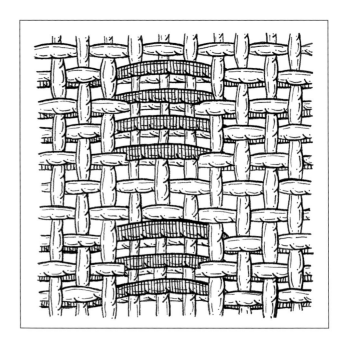

使用4页综的纬浮纱结构穿综实例

1. 分区穿综图

穿综图					
4				X		X
3			X		X	
2		X	X			
1	X	X				

---重复循环--- ---重复循环---

制作纬浮纱纹样的小提示：

在编织纬浮纱纹样时，通过打纬的轻重调节，也可以通过不同粗细纬纱的使用，让纹样的比例、紧密度和一致性发生很大的变化。因此准备实验、分析结果并做出调整，从而达到最令人满意的效果。

在以下纬浮纱纹样的提综图举例中，
地纬 = X，纬浮纱 = O

A				B				C				D				E			
	O				O			O	O	O		O	O	O			O		
X		X			X		X	X		X		X		X		X		X	
O						O		O	O	O		O	O	O		O			
X		X			X		X	X		X		X		X		X		X	
	O				O			O	O	O		O	O	O					O
X		X			X		X	X		X		X		X		X		X	
O						O		O	O	O		O	O	O		O			
X		X			X		X	X		X		X		X		X		X	
1	2	3	4	1	2	3	4	1	2	3	4	1	2	3	4	1	2	3	4

提综图A：纬浮纱位于布面，浮在第3页、第4页综框的经纱上。

提综图B：纬浮纱位于布面，浮在第1页、第2页综框的经纱上。

提综图C：纬浮纱浮在第1页、第2页综框编织的平纹区域的反面。

提综图D：纬浮纱浮在第3页、第4页综框编织的平纹区域的反面。

提综图E：纬浮纱的浮线在两个区域间交替变化。

简单纬浮纱结构形成的格纹实例

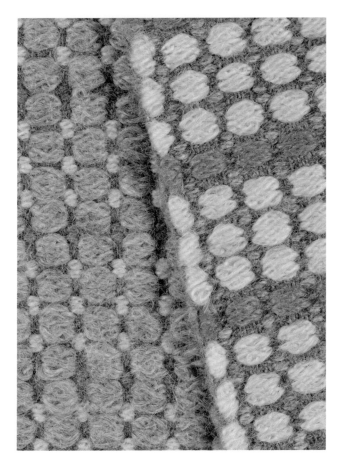

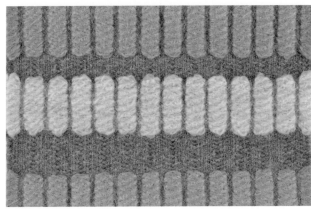

左上图：该图呈现了面料的正反面外观效果；以羊毛做经、纬纱织成的简单纬浮纱结构格纹织物，底布采用斜纹组织

左下图：该图展示了面料的正反面外观效果；以羊毛做经、纬纱织成的简单纬浮纱结构格纹织物

右上图：该图展示了面料的正反面外观效果；以羊毛做经、纬纱织成的简单纬浮纱结构格纹织物

右下图：该图呈现了面料的正面外观效果；以羊毛做经、纬纱织成的简单纬浮纱结构格纹织物

以锦纶单丝做经纱分区穿综，地纬也是锦纶单丝，用真丝长丝形成方形纹样；当织物下机后，方形纹样之间的浮线被剪掉

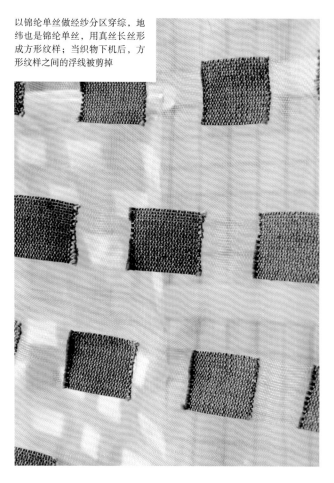

以锦纶单丝做经纱分区穿综，地纬也是锦纶单丝，用真丝长丝形成方形纹样；当织物下机后，方形纹样之间的浮线被剪掉

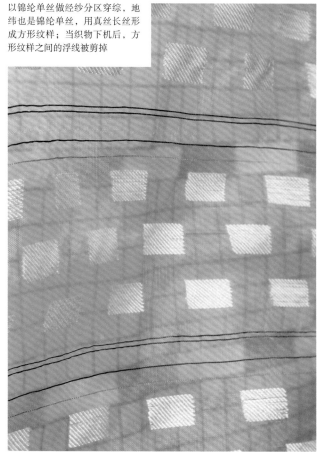

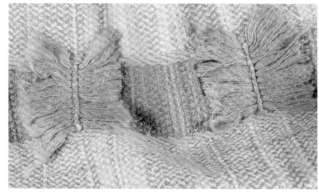

左中图： 编织穗带，纬浮纱在中间被握持住，边缘进行了修剪

右中图： 羊毛纱编织的人字形底布，羊毛纬浮纱的长浮线被割断形成块状穗饰

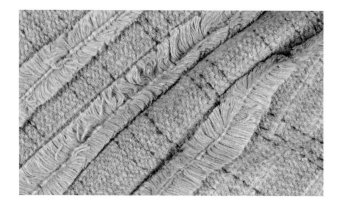

左下图： 羊毛纱编织的人字形底布，羊毛纬浮纱的长浮线被割断形成垂直的穗饰

2. 山形穿综图

穿综图					
4				X	
3			X		X
2		X			
1	X				

3. 波纹山形穿综图

穿综图																								
4			X											X	X							X		
3				X		X	X					X				X	X	X		X	X		X	
2		X					X	X	X		X								X	X		X		X X
1	X					X	X	X										X						

提综图举例：纬浮纱穿综方案2和3

F					G					H					I					J			
		O								O				O						O	O
	X		X			X			X			X		X		X			X	X
O	O	O					O		O				O					O		
X		X			X	X		X	X		X		X		X			X	
O	O					O	O	O				O			O			O	
	X		X		X	X		X	X		X		X		X		X	X	
O					O	O	O	O			X		O	O			O	O	
X		X			X	X	X	X	O		X		X		X	X		X	X
		O			O	O	O	O				O	O			O	O	
	X		X		X		X			X		X		X		X			X
O					O	O	O				O			O			
X		X			X	X	X	X		X		X		X	X		X	X
O	O				O	O	O				O			O			O	
	X		X		X	X	X	X			X		X		X	X		X
O	O	O				O	O	O				O			O		O	O	
X		X			X	X	X	X			X		X		X	X		X	
1	2	3	4		1	2	3	4		1	2	3	4		1	2	3	4		1	2	3	4

K				L				M				N			
					X		X								
				X	X										
				O	O	O									
					X		X								
				O	O	O									
					X		X								
		O			O	O				O	O				
X		X			X		X	X		X		X			X
		O			O	O				O	O			O	
	X	X			X		X			X	X			X	X
	O	O			O				O	O				O	
X	X				X		X	X	X			X	X		
	O	O					O		O	O			O		
X	X				X		X	X		X		X	X		
	O	O					O		O	O			O		
		X	X		X		X			X	X			X	X
O	O	O			O				O						O
		X	X		X		X			X	X			X	X
O	O	O			O				O						O
X		X			X		X	X		X			X		X
O	O				O				O					O	
X		X			X		X	X		X			X		X
O	O				O	O			O					O	
X	X				X		X	X				X	X		
O					O	O			O				X		
X		X			X		X	X		X		X			X
O	O				O	O				X			X		
					X	X				X	X			X	X
O					O	O	O			X				X	
					X	X		X	X			X	X		
O					O	O	O			X		X			
X	X				X		X	X	X			X	X		
1	2	3	4	1	2	3	4	1	2	3	4	1	2	3	4

提综图F：正菱形纹样——平纹底布。

提综图G：倾斜菱形纹样——$\frac{2}{2}$斜纹底布。

提综图H：几何形纹样——$\frac{2}{2}$斜纹底布。

提综图I：几何形纹样——平纹底布。

提综图J：棋盘方格纹样——$\frac{2}{2}$人字纹底布。

提综图K：V形纹样——$\frac{2}{2}$斜纹底布。

提综图L：延伸的菱形纹样——平纹底布。

提综图M：三角形纹样——$\frac{2}{2}$斜纹底布。

提综图N：全菱形纹样——$\frac{2}{2}$斜纹底布。

6页综的纬浮结构穿综实例

4. 山形穿综图

穿综图						
6				X		
5			X		X	
4		X				X
3			X		X	
2		X				X
1		X				

5. 波纹山形穿综图

穿综图																					
6								X	X								X				
5							X			X	X				X			X			
4				X	X	X	X				X				X			X	X	X	
3			X	X							X			X			X			X	X
2		X							X	X	X	X		X		X					X
1		X										X	X								

底布的提综图

与平纹组织一样，设计者可以任意使用6页综编织前几章里展示的斜纹组织、绉组织的底布。尝试不同的组合可以增添更有趣的、更多变化的底布纹样。如果使用斜纹组织，更容易打纬，所以用粗一点的纬纱与经纱交织，以保证预期设计的纹样尺寸。

提综图举例：纬浮纱穿综方案4和5

O						P						Q					
O	O	O	O	O		O	O	O	O							O	O
	X			X		X		X	X	X		X	X				X
O	O	O	O	O		O	O	O								O	O
	X			X			X	X		X	X	X				X	X
O	O	O		O		O	O								O	O	O
X			X			X	X		X	X					X	X	X
O	O	O	O			O	O								O	O	O
	X			X		X		X	X		X				X	X	X
O	O	O				O							O	O	O		
	X			X		X		X	X		X			X	X	X	
O	O	O				O					X			O	O	O	
X			X			X	X		X	X			X	X	X		
O	O					O							O	O	O		
	X			X		X		X	X		X		X	X			X
O	O					O							O	O	O		
	X			X		X		X	X		X				X	X	X
O						O	O	O				O	O	O			
X			X			X	X		X	X				X	X	X	
O						O	O					O	O	O			
		X		X		X	X		X	X	X			X	X	X	
		X				O	O	O				O	O				
	X			X		X	X		X	X			X	X	X		
		X				O	O	O	O			O	O				
X			X			X	X		X	X			X	X	X		
1	2	3	4	5	6	1	2	3	4	5	6	1	2	3	4	5	6

提综图O：三角形纹样——$\frac{1}{2}$斜纹底布。

提综图P：圆形纹样——$\frac{2}{1}$斜纹底布。

提综图Q：三角形和V形纹样——$\frac{3}{3}$斜纹底布。

纬浮纱纹样的比例问题

为了获得令人满意的造型，纹样的尺寸受每厘米/英寸中的经纱根数（即经密）所限，并由重复单元中的经纱根数所决定。一般来说，如果希望设计高度和宽度相同的纹样，那么提综图中纹样的纬纱根数要与重复单元中的经纱根数相等。

例如，一个重复单元的经纱根数为10根，用6页综的山形穿综法编织。为了获得纵横向均衡的纹样，那么需要20根纬纱——10根编织底布，10根构成纹样。

双重纬浮纱

可以用两组甚至三组的纬浮纱，增加纹样的趣味性。这样做的结果是使底布稍稍变厚，但是却有效地加强了某种效果，或者在图案上形成对比的效果。这里的举例展示了方形套方形的图案，使用了对比的色彩或材质。

6页综的纬浮结构实例

6. 分区穿综图

穿综图													
6								X		X			
5							X		X				
4					X		X					X		X
3				X		X					X		X	
2		X		X									
1	X		X										

---重复循环--- ---重复循环--- ---重复循环--- ---重复循环---

在左侧的提综图6中的举例是一个简单的分区穿综法，可以有不同的方法实现不同的纹样，如使用一种、两种或三种不同颜色的纬浮纱。一旦理解了基本原理，设计者可以自己设计提综图以及色纱排列顺序，当然使用扭曲的纬纱也是一种为设计带来变化的方式。

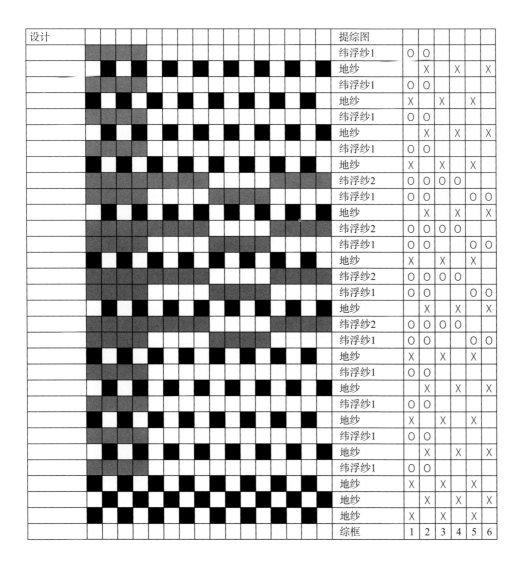

提综图	1	2	3	4	5	6
纬浮纱1	O	O				
地纱		X		X		X
纬浮纱1	O	O				
地纱	X		X		X	
纬浮纱1	O	O				
地纱		X		X		X
纬浮纱1	O	O				
地纱	X		X		X	
纬浮纱2	O	O	O	O		
纬浮纱1	O	O			O	O
地纱		X		X		X
纬浮纱2	O	O	O	O		
纬浮纱1	O	O			O	O
地纱	X		X		X	
纬浮纱2	O	O	O	O		
纬浮纱1	O	O			O	O
地纱		X		X		X
纬浮纱2	O	O	O	O		
纬浮纱1	O	O			O	O
地纱	X		X		X	
纬浮纱1	O	O				
地纱		X		X		X
纬浮纱1	O	O				
地纱	X		X		X	
纬浮纱1	O	O				
地纱		X		X		X
纬浮纱1	O	O				
地纱	X		X		X	
地纱		X		X		X
地纱	X		X		X	
综框	1	2	3	4	5	6

经浮纱与纬浮纱的联合

设计时可以在底布基础上使用经浮纱握持纬浮纱，这将外加带来新的外观质感，并为设计者的系列设计引入其他纱线和颜色提供更多的可能性。

地经＝X，经浮纱＝O。

8页综的联合结构穿综图实例

综框																				
8											O		O							
7							O	O						O	O					
6					O		O										O		O	
5			O	O																
4					O				O				O							
3			O				O							O						
2		O				O				O										
1	O				O				O											
穿箒图	■	■	■				■	■	■				■	■	■					
				■	■	■				■	■	■	■				■	■	■	■

提综图举例1：菱形纹样 / 提综图举例2：方格纹样

提综图举例1：菱形纹样

	1	2	3	4	5	6	7	8
纬浮纱				O				
地纱	X			X				
纬浮纱				O				
地纱			X	X				
纬浮纱					O			
地纱			X	X				
纬浮纱					O			
地纱	X	X						
纬浮纱			O			O		
地纱	X			X				
纬浮纱			O			O		
地纱			X	X				
纬浮纱				O				
地纱			X	X				
纬浮纱				O				
地纱	X	X						
纬浮纱				O				
地纱	X			X				
纬浮纱				O				
地纱			X	X				
纬浮纱			O			O		
地纱			X	X				
纬浮纱			O			O		
地纱	X	X						

提综图举例2：方格纹样

	1	2	3	4	5	6	7	8
纬浮纱							O	O
地纱				X				
纬浮纱							O	O
地纱				X				
纬浮纱							O	O
地纱				X				
纬浮纱							O	O
地纱			X					
纬浮纱						O	O	
地纱				X				
纬浮纱						O	O	
地纱			X					
纬浮纱						O	O	
地纱			X					
纬浮纱					O	O		
地纱			X					
纬浮纱					O	O		
地纱				X				
纬浮纱					O	O		
地纱			X					
纬浮纱					O	O		
地纱			X					

使用两把梭子，一把用于编织底布，另一把用于纬浮纱。提综顺序在地纬和纬浮纱之间交替。可以用不同颜色、粗细或材质的纬浮纱，从而为设计增加多变性和对比性。

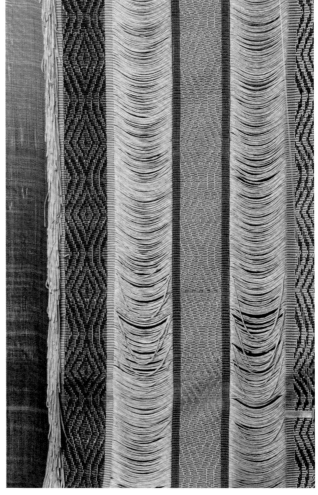

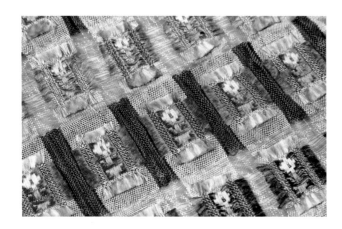

左上图: 经浮纱分区握持纬浮纱

左图二: 锦纶单丝做地经,真丝长丝做经浮纱构成纹样,同时握持住真丝长丝的纬浮纱

左图三: 锦纶单丝做地经,真丝长丝做经浮纱构成纹样,同时握持住真丝长丝的纬浮纱

左下图: 用经浮纱握持丝带和金银纱

右上图: 被握持的黏胶纱在两条纹样之间形成纬浮的浮长线

右下图: 被握持的黏胶纱在两条纹样之间形成纬浮的浮长线

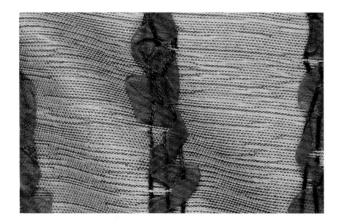

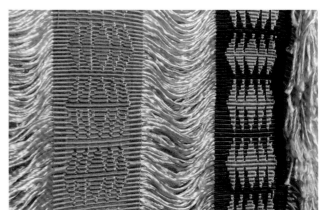

左上图：在缎纹组织底布上用经浮
纱握持着手撕的布条（放大细节）

左下图：在缎纹组织底布上用经浮
纱握持着手撕的布条

右上、右下图：在缎纹组织底布上
用经浮纱握持着手撕的布条和长丝
（下图为放大细节）

第八章

双层织物

双层织物，顾名思义，是指两层机织物同时编织，一层在另一层之上。它是由两个系统的经纱和两个系统的纬纱构成，每个系统的经、纬纱构成一层织物，一个系统纱线构成织物表层、另一个系统构成织物里层，每层织物都需要运用各自的综框编织。当两个系统纱线位置相互交换时，两层织物就会连接在一起——织物表层纱转移到里层编织，而织物里层纱向上移动到表层编织。

双层结构至少由4页综框才可实现，2页综框负责一层，单独的每一层可以织出一个平纹组织，最终得到的是水平的双层织物。每层交替编织，第一纬织表层，第二纬织里层，通过将两层织物的纱线相互交换，使织物间隔地接结在一起。当使用4页综框时，该接结将是水平的，从而获得一系列管状织物。综框数越多，设计的可能性就越大。可以利用8页综框创建块状或格纹效果，其中接结点处可以是垂直的，也可以是水平的。

采用两根经轴、保持各自不同的经纱张力是最理想的。每层织物各一根，但如果两层织物纱线的材质和粗细均相同，那么就可以将经纱缠绕在一根经轴上。

每一层的纱线根数通常是相等的，除非使用粗细差异很大或不同肌理的纱线，又或者需要产生一种密度上的对比，如某一层密度更稀疏的效果。

如何把两层织物连接在一起

如果通过设计，两层织物是独立织造的，那么当织物下机时，将会产生以下的某种效果。

1. 如果每一层都有各自的布边，并用各自的梭子独立织造，那么这两层就会分开。

2. 如果布边一侧连接，使用一或两把梭子，就可以打开织物，织出一块双幅织物。

3. 如果布边两侧都连接，使用一或两把梭子，就可以织出管状织物。

把织物两层连接在一起的方法是将织物表层纱线与里层纱线交织，或者把织物里层纱线与表层纱线交织，这就叫作织物的"接结"。当设计更复杂的图案时，既可以垂直接结也可以水平接结。

设计一种更结实的织物

在双层织物中，两层之间通常存在空隙。如果成品织物要达到实用目的，则表、里纱线应经常进行交换，从而形成更结实的面料。如果表、里纱线的交换不够频繁，那么一层可能会脱离另一层，从而导致下垂的织物外观。当使用大比例设计时，就会出现这种情况。

双层织物设计的可能性

双层织物用途很广且灵活多变。

◆ 将对比色用于每个系统的经纱，相互不混合、也不影响。条纹经纱可以与单色经纱对比，也可以是条纹与条纹进行对比。

◆ 不同的纬纱在某一层编织，不影响另一层的颜色或外观效果。

◆ 每一系统经纱可使用两种不同材质或两种不同粗细的纱线。

◆ 通过在每层中使用不同收缩性能的纱线，可以获得"泡泡"或"起绉"织物。

◆ 还可以织成两面用织物。在选择纬纱及其颜色时，应考虑织物的正反面效果。

◆ 织物里层可以使松散的织物表层保持结构稳定，通过提高纱线的性能，从而使织物不会分离。

◆ 可以在两层间的空隙填充垫经或垫纬，以获得多层填充的浮雕效果。

泡泡或起绉织物

这是将稳定性不同的两种纱线运用在双层织物上产生的一种外观效果。其中一组经纱使用相对稳定的纱线，如蚕丝、棉或亚麻纱，另一组经纱可以是略带弹性的纱线、强捻的纱线或毛纱，具有洗后收缩的特性。另外，可以用与经纱相同粗细、材质的纬纱在纬向达到同样效果。

当双层织物下机后，弹性纱线会回弹到初始状态，通过经、纬纱的收缩，使其面积缩小。稳定的那层纱线将保持它在织机上的状态，通过弹性纱线或不稳定纱线的收缩而使布面产生泡泡或起绉效果。

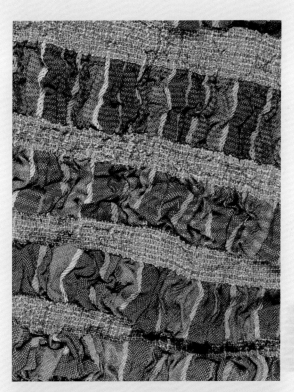

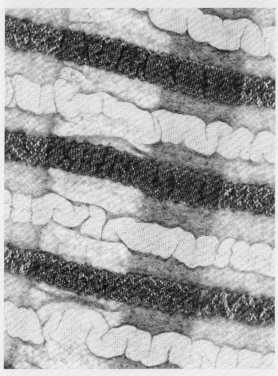

绉缩效果可能会相当微小，取决于所用的纱线。可以尝试用温水对纱线进行柔和的手洗，使纱线进一步收缩。如果使用羊毛纱，则需要较长时间对其进行更强力的手洗才能获得必要的收缩率。

左上图：一组经纱用绢丝纱、另一组经纱用强捻精梳细毛纱织成的双层织物，洗涤后会产生真丝稍稍绉缩的效果

左下图：用棉和羊毛织成的双层管状织物，洗涤后羊毛毡缩导致管状棉织物绉缩的效果

右上图：经纱是绢丝纱和麻纱；如果用一根弹性纱线做纬纱，在局部将双层管状织物的两层连接在一起，就可以让双层管状部位绉缩起来

右下图：两组经纱形成的双层织物，一组真丝纱、另一组莱卡棉；局部经、纬纱稳定地织在一起防止弹性纱线绉缩，局部经、纬纱形成双层结构以便于绉缩

表里交换双层平纹——相同粗细的经纱

最基本的双层织物用4页综就可以实现——其中2页综控制织物表层，另外2页综控制织物里层，采用平纹组织织成，表、里经纱交替穿过。为了便于表述和说明，本章中的织物表层用黑色纱线，穿在第1页和第3页综框上；织物里层用白色纱线，穿在第2页和第4页综框上。

黑色经纱＝X，白色经纱＝O

提综图1：织物表层（黑色）在上

（1）提起第1页综框，穿过一根黑色纬纱。

（2）提起综框1和3（织物表层），再提起综框2，在织物里层形成平纹组织，并投一梭白色纬纱。

（3）提起综框3，穿过一根黑色纬纱。即在织物表层以平纹组织规律织入第二梭。

（4）提起综框1和3（织物表层），再提起综框4，用白色纬纱织入第二梭，在织物里层形成平纹组织。

（5）重复循环上述步骤直至达到预期的比例。

（6）交换两层织物，按照提综图2，使织物里层换到表层。

提综图2：织物里层（白色）在上

（1）提起综框2和4（织物里层），再提起综框1，用一根黑色纬纱在织物下层投出平纹组织的第一梭。

（2）提起综框2，投一梭白色纬纱。

（3）提起综框2和4（织物里层），然后再提起综框3，用一根黑色纬纱在织物下层织入平纹组织的第二梭。

（4）提起综框4，穿过一梭白色纬纱，形成上层平纹组织的第二梭。

（5）重复循环上述步骤直至达到预期的比例。

（6）交换两层织物，返回提综图1，使织物表层朝上。

1.4页综的双层织物

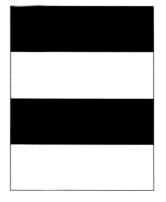

穿综图						提综图1	X		X	O
4			O		O					X
3		X		X				X	O	X
2		O		O					X	
1	X		X			综框	1	2	3	4
穿筘图	■	■								
			■	■		提综图2				O
							O	X	O	
							O			
							X	O		O
						综框	1	2	3	4

设计效果

穿筘方法

需要记住，当经纱穿筘时，有两个系统的经纱，位于上下两层，每层有着相同的密度（每厘米/英寸的经纱数）。因此如果经纱密度是14根/厘米，那么用7齿/厘米的钢筘，一个筘齿中共有4根经纱，其中两根经纱属于同一层织物。

如果经纱密度是36根/英寸，那么使用18号筘，4根经纱/筘齿。

纬纱的色纱排列顺序

在P186的举例中，织物表层用X和黑色方格表示，织物里层用O和白色方格表示，为了获得稳定的黑白条纹效果，纬纱应采用与之对应的顺序引纬。当编织织物表层（黑色）时，用黑色纬纱；当编织织物里层（白色）时，用白色纬纱。在下面这些例子中，奇数顺序的提综织表层（黑色）、偶数顺序的提综织里层（白色）。

引纬顺序

在编织双层织物时，最简单的方式就是在整块织物设计中保持相同的引纬顺序。所以如果先织表层、再织里层，就一直保持这个顺序，甚至在表里交换时，也要保持这个顺序。设计者可以任意改变纱线颜色和类型，但要记住，在整个设计中顺序总是正、反、正、反。

上图：用4页综、最简单的双层结构形成的水平管状织物

下图：用4页综、最简单的双层结构形成的水平管状织物的正反面效果

表里交换双层平纹——不同粗细的经纱

当使用不同粗细的纱线织造双层织物时，各层经纱需要的综框数不同。图2显示的是织物表层经纱比织物里层经纱细的情形。织物表层经纱根数是里层的两倍。

细支纱＝X，粗支纱＝O

为了理解和想象双层织物的工作原理，一个很好的方法就是用纸条贴在一张卡纸上，纸条使用两种对比色，一个颜色代表织物表层，另一个颜色代表织物里层；用简单结构探究双层织物的工作原理。依据提综图1和2，用同样颜色的纸条作为纬纱。每个提综方式至少重复循环两次，直到看出效果。一旦掌握了这一点，就可以试着在8页综框上分区穿综。

简单的方式是把纸条(代表经纱)并排在一起进行练习，但这样做只能得到比较稀疏的外观。在织机上，一层经纱会覆盖在另一层经纱之上。

2. 4页综形成的双层织物：粗细经纱对比

穿综图							提综图3				
							粗纬纱	X	X		O
							细纬纱		X		
							细纬纱	X			
4					O		粗纬纱	X	X	O	
3			O				细纬纱		X		
2		X		X			细纬纱	X			
1	X		X				综框	1	2	3	4

穿筘图							提综图4				
■	■						粗纬纱				O
		■	■				细纬纱		X	O	O
							细纬纱	X		O	O
							粗纬纱			O	
							细纬纱		X	O	O
							细纬纱	X		O	O
							综框	1	2	3	4

提综图3：细支经纱在上

纬纱细粗比为2：1，前两根纬纱以平纹编织细致的织物表层，第三根纬纱以平纹编织较粗糙的织物里层。第四梭和第五梭织细支纬纱，第六梭织粗纬纱。

提综图4：粗支经纱在上

提综顺序与图3相同——两根细纬纱，然后是一根粗纬纱。

穿筘图

穿筘时，注意2：1的经纱比例。细支纱的经密是12根/厘米，粗支纱的经密是6根/厘米。用60齿/10厘米的钢筘，每个筘齿内穿入3根经纱，或者是用30齿/10厘米的钢筘，每个筘齿内穿入6根经纱。

因此，如果细支经纱的密度为32根/英寸，粗支经纱的密度为16根/英寸，则总密度为48根/英寸；若使用16号筘，每筘齿穿3根经纱——两根细支纱和一根粗支纱穿同一个筘齿。

表里交换的平纹色块织物

至少需要8页综才能实现双层色块的设计，其中需要用到水平和垂直方向上的表里交换。这些色块的宽度可以是相同尺寸，也可以是不同尺寸。在穿综图中重复每一个色块直至所需的宽度尺寸；色块的高度则可以在织造过程中决定。

织物表层经纱（黑色）＝X，织物里层经纱（白色）＝O

3. 8页综形成的双层织物：分区穿综

穿综图

8									O					O	
7								X				X			
6							O				O				
5						X				X					
4				O				O							
3			X			X									
2		O			O										
1	X			X											

-----------重复循环----------- -----------重复循环-----------

穿筘图 （黑白交替的色块）

设计A

1	2	3	4	5	6	7	8
X		X	O	X		X	O
X						X	
X	O	X			X	O	X
X						X	

设计B

1	2	3	4	5	6	7	8
		O					O
	O	X	O		O	X	O
		O					O
X	O			O	X	O	

设计C

1	2	3	4	5	6	7	8
X		X	O				O
X					O	X	O
X	O	X					O
X				X	O		O

设计D

1	2	3	4	5	6	7	8
		O	X			X	O
	O	X	O				X
	O				X	O	X
X	O			O	X		

设计A：表层在上，形成水平的黑色条带状。

设计B：里层在上，形成水平的白色条带状。

设计C：1~4页综表层在上（黑色）；5~8页综里层在上（白色）。

设计D：1~4页综里层在上（白色）；5~8页综表层在上（黑色）。

为了形成水平的管状织物，可以在设计A和设计B之间变换；
为了形成垂直的管状织物，需要连续地编织设计C或设计D；
为了形成袋状织物，可以在设计C和设计D之间变换。

双层平纹织物实例

以棉纱、双层平纹形成的双层竖
条纹管状织物，该图呈现了织物
背面效果（条纹经纱）和正面效
果（单色经纱）

以棉纱、双层平纹形成的双层竖
条纹管状织物，该图呈现了织物
正面效果（单色纬纱）和背面效
果（条纹纬纱）

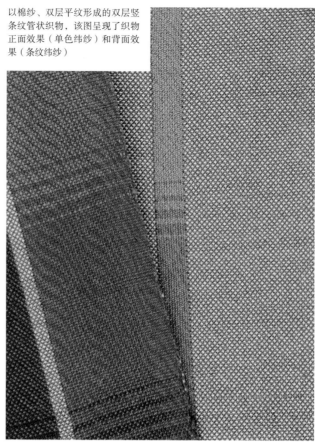

以棉纱、双层平纹形成的双层方
格织物，表层经纱为绿色、里层
经纱为灰色，该图呈现了织物正
面效果

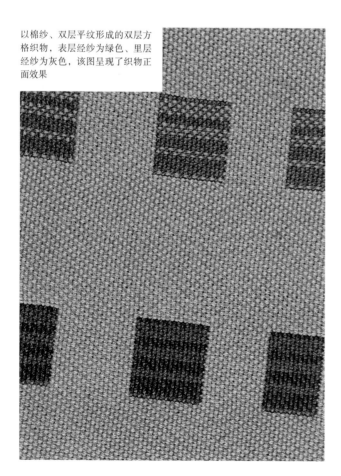

以棉纱、双层平纹形成的双层方
格织物，表层经纱为绿色、里层
经纱为灰色，该图呈现了织物反
面效果

以双层平纹形成的方格和横向管状织物，表层经纱为绿色、里层经纱为灰色，该图呈现了织物正面效果

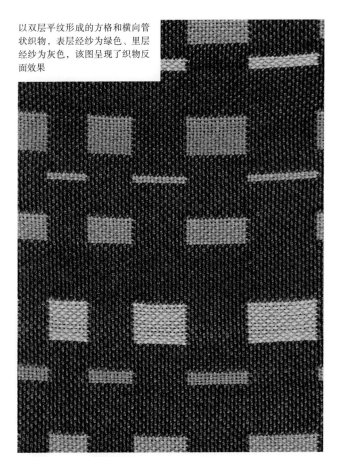

以双层平纹形成的方格和横向管状织物，表层经纱为绿色、里层经纱为灰色，该图呈现了织物反面效果

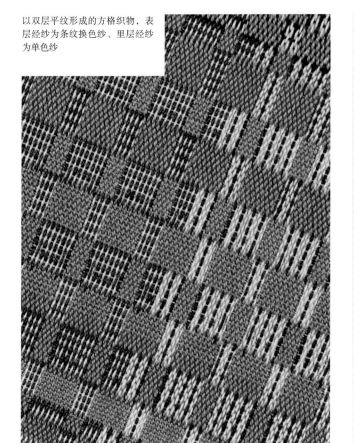

以双层平纹形成的方格织物，表层经纱为条纹换色纱、里层经纱为单色纱

如何获得填充或绗缝效果

　　双层织物中，通过在水平或垂直的管道中加入填充物（棉絮），或者在织造双层色块织物时，在"口袋"中添加填充物，就可以获得填充或绗缝效果。这里的"口袋"一词指的是双层色块织物中水平和垂直方向上的表里交换所形成的空间。

◆　按所需比例织造部分双层织物。

◆　提起与织物表层对应的所有综框，即P189中：

设计A将提起综框1、3、5、7；
设计B将提起综框2、4、6、8；
设计C将提起综框1、3、6、8；
设计D将提起综框2、4、5、7。

◆　将所需的综框提起，装入填充材料。

◆　降下综框，换成纹样中下一梭的提综规律。

双层织物与单层织物的对比

织造一定面积的单层织物与双层织物进行对比，将进一步提高经纱的设计潜力。

按照P189的穿综图3（8页综框形成的双层织物：分区穿综），可以在面料的幅宽上或以分区的形式织单层织物而不是双层织物。单层织物的密度比双层织物的大，因为每厘米/英寸用了两倍的经纱根数。

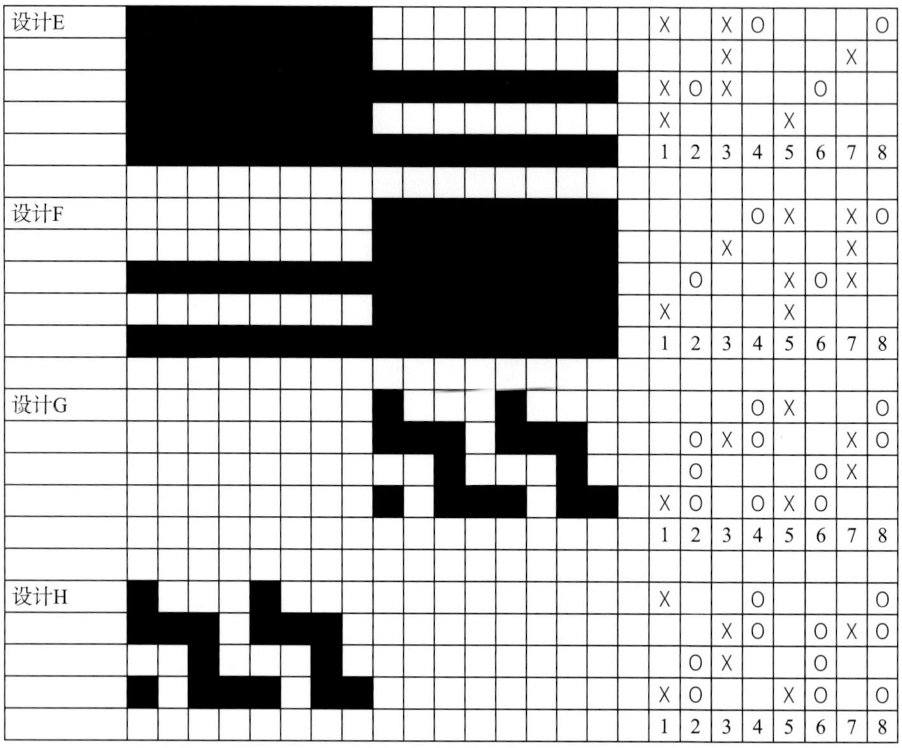

设计E的提综图

	1	2	3	4	5	6	7	8
	X		X	O				O
				X			X	
	X	O	X			O		
	X					X		

设计F的提综图

	1	2	3	4	5	6	7	8
				O	X		X	O
					X			
			O			X	O	X
	X				X			

设计G的提综图

	1	2	3	4	5	6	7	8
					O	X		O
	O	X					X	O
	O					O	X	
	X	O		O	X	O		

设计H的提综图

	1	2	3	4	5	6	7	8
	X			O				O
		X	O			O	X	O
	O	X						
	X	O			X	O		O

设计E：综框1~4，织造双层织物，表层在上（黑色）；综框5~8，编织 $\frac{1}{3}$ 斜纹组织。

设计F：综框1~4，编织 $\frac{1}{3}$ 斜纹组织；综框5~8，织造双层织物，表层在上（黑色）。

设计G：综框1~4，织造双层织物，里层在上（白色）；综框5~8，编织 $\frac{2}{2}$ 斜纹组织。

设计H：综框1~4，编织 $\frac{2}{2}$ 斜纹组织；综框5~8，织造双层织物，里层在上（白色）。

纬纱配色图案

在设计E、F、G和H中，如果仍然使用黑白相间的纬纱配色规律，那么会让单色布出现色彩变化的织造效果，而不会出现明显的斜纹线外观。

双层组织形成花型

采用双层结构，利用不同比例和颜色组合而成的正方形和长方形可以获得非常复杂的设计。这也是创建纹样的潜在手段，而且综框数越多，纹样会更加错综复杂。

需要记住的是，每一层都需要一套综框：如果总共可以使用12页综，则每层分配6页综框；如果16页综，每层就应有8页综框，以此类推。

表层经纱（黑色）= X，里层经纱（白色）= O

用12页综形成的双层织物：山形穿综法

穿综图																			
12									O										
11								X											
10								O			O								
9							X			X									
8						O						O							
7					X						X								
6				O								O							
5			X								X								
4		O											O						
3	X											X							
2	O																		
1	X																		

------------------------------------重复循环------------------------------------

穿筘图	■	■	■	□	□	■	■	■	■	□	□	■	■	■	■	□	□	■	■	■
	□	□	□	■	■	■	■	□	□	■	■	■	■	□	□	■	■	■	□	□

穿综图

利用山形穿综法织造双层织物时，每对经纱作为一个单元，即在上图中：经纱1和2作为一个单元，然后是经纱3和4、经纱5和6、经纱7和8、经纱9和10，最后是经纱11和12。当反向穿综时，就应跳到经纱9和10的单元。如果直接从第11页综框进行反向，中间会有两根经纱重复。

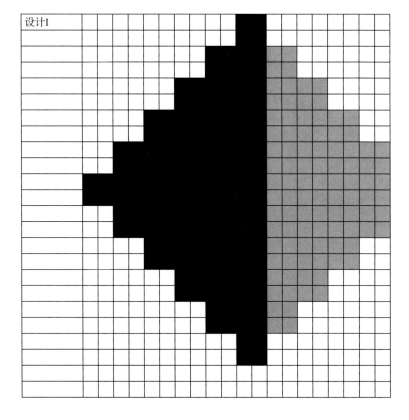

	1	2	3	4	5	6	7	8	9	10	11	12			
提综图				O			O	X		X	O				
设计I		O	X	O		O	X	O			X				
		O				O			X	O	X				
	X	O		O	X	O		O	X						
				O	X		X	O	X		X				
		O	X	O			X				X				
		O			X	O	X		X	O	X				
	X	O		O	X			X							
	X		X	O	X		X	O	X		X	O			
			X			X			X			X				
	X	O	X		X	O	X		X	O	X				
	X				X				X						
				O	X		X	O	X		X				
		O	X	O			X				X				
		O			X	O	X		X	O	X				
	X	O		O	X			X							
				O				O	X		X	O			
		O	X	O		O	X	O			X				
		O				O				O					
	X	O		O	X	O		O	X						
		O	X	O		O	X	O		O	X	O			
		O				O				O					
	X	O		O	X	O		O	X	O		O			
综框	1	2	3	4	5	6	7	8	9	10	11	12			

设计I：形成一个菱形纹样——通过循环重复，织物表层的黑色纱形成一个黑色菱形、织物里层的白色纱形成一个白色菱形。

（译者注：设计图与提综图获得的图形不完全一致。）

纹样尺寸设计

织造双层织物时，设计纹样的尺寸由纱线粗细和每个纹样单元的重复次数所决定。

在分区穿综时，一个简单的方法是每个单元重复多次，由此达到设计所需的尺寸。经纱密度——每厘米/英寸的经纱根数——在穿综时已经被考虑了，并不限制纹样的尺寸。

山形穿综方法可以形成更复杂的纹样，纱线粗细决定了纹样的尺寸。纱线细则形成小纹样，随着纱线粗度的增加，纹样尺寸也越大。

织物密度也可以改变纹样尺寸。以P193的穿综图（12页综框、山形穿综法）为例，每个循环、每层织物10根经纱。

◆ 每层16根经纱/厘米（40根经纱/英寸）=0.6厘米（1/4英寸）

◆ 每层8根经纱/厘米（20根经纱/英寸）=1.3厘米（1/2英寸）

◆ 每层4根经纱/厘米（10根经纱/英寸）=2.5厘米（1英寸）

提综图	X		X	O				O	X		X	O						
设计J			X			O	X	O			X							
	X	O	X			O			X	O	X							
	X		X	O		X	O		O	X								
			O	X		X	O				O							
		O	X	O		X			O	X	O							
		O		X	O	X			O									
	X	O		O	X			X	O									
	X		X	O			O			O								
		X			O	X	O		O	X	O							
	X	O	X		O			O										
	X		X	O		O	X	O		O								
		O	X		X	O			O									
		O	X	O		X		O	X	O								
		O		X	O	X		O										
	X	O		O	X		X	O										
	X		X	O		O	X		X	O								
		X			O	X	O		X									
	X	O	X		O			X	O	X								
	X		X	O		O	X											
	X		X	O	X		X	O		O								
		X			X	O	X		O	X	O							
	X	O	X		X	O	X											
	X		X			X	O		O									
综框	1	2	3	4	5	6	7	8	9	10	11	12						

设计J：形成一个菱形纹样——白色里层中心有一个黑色的菱形；黑色表层中心有一个白色的菱形。

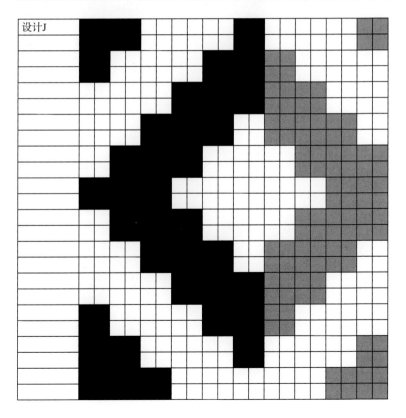

双层织物纹样实例

用复杂的双层织物制成的特瑞莎·乔治格里斯（Teresa Georgallis）包

用山形穿综法、双层平纹在织物表、里两层形成装饰性条纹，该图呈现了织物的正、反面效果

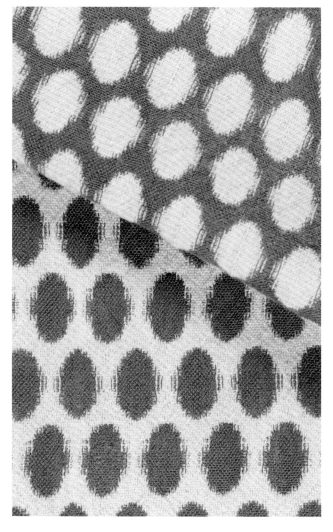

用山形穿综法、双层平纹在织物表、里两层形成点状纹样，该图呈现了织物的正、反面效果

用山形穿综法、双层平纹形成表、
里层互为相反的纹样效果，表层经
纱是黑色，里层经纱是彩条；该图
呈现了织物的正、反面效果

用山形穿综法、双层平纹形成表、
里层互为相反的纹样效果，表层经
纱是黑色，里层经纱是彩条；该图
呈现了织物的正面效果

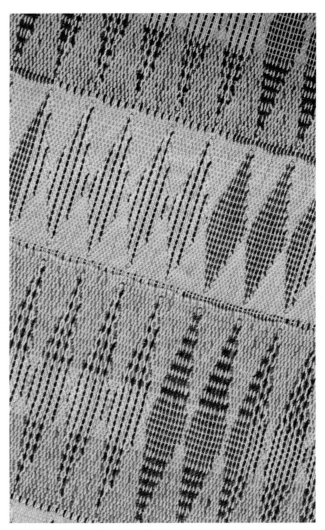

用山形穿综法、双层平纹形成一个
菱形纹样，表层经纱是彩条，里层
经纱是单色

根据穿综图、组织图绘制复杂提综图

双层织物的两层均织成平纹组织。在下面的示例
中，穿综图用的是12页综框的山形穿法。织物表层
经纱穿在奇数片综框上，织物里层经纱穿在偶数片综
框上。

步骤1

先在意匠纸上绘制穿综图，然后用方格纸画出纹样
的每个部分，只画一半纹样即可，因为织造时，其纹
样可以自然水平翻转对称。因此，对于提综图，只需
要画一半的纹样宽度，但纵向需要绘制完整的纹样。

如果使用12页综框，将各有6页综框分别负责织造
织物的表层与里层，所以绘制草图时，需要横向画6个
方格——1个方格代表表、里2根经纱。草图的高度取
决于纹样，要得到一个规则的菱形纹样，纵向也需要
画12个方格。

步骤2

在方格中填上颜色，用颜色表示哪些格子构成纹样
的织物表层、哪些构成纹样的织物里层。在这个例子
中，黑方格表示织物表层，白方格表示织物里层。

步骤3

为了正确简单地画出提综图，需要扩展草图，每根经纱和纬纱均用一个小方格表示——这就变成了原来尺寸的两倍大。第一行编织织物表层，第二行编织织物里层，第三行编织织物表层，第四行编织织物里层等，直至第二十四行图案结束为止。

步骤4

按照在步骤3的扩展图中横向第一行小方格的规律，第一纬编织织物表层，织物表层经纱穿在综框1、3、5、7、9和11上；为了在织物表层织出平纹，在投第一纬时，需要提起提综图中第一行用X表示的综框1、5和9。

步骤5

将第一行中与表面对应的织物里层经纱提起。织物里层经纱穿在偶数片综框上，用白方格表示。第一行中，将所有织物里层经纱记为O。在该示例中，需要提起综框6、8。

步骤6

继续画第二行。第二纬编织织物的里层，织物里层经纱穿在综框2、4、6、8、10和12上。为了在织物里层织出平纹组织，投第二纬时，需要提起提综图中第二行上用O表示的综框2、6和10。

步骤7

将提综图第二行中出现在表面的织物表层经纱提起。织物表层经纱穿在奇数片综框上，用黑方格表示。在该示例中，需要提起提综图中第二行用X表示的综框1、3、9和11。

步骤8

第三行织的是织物表层的第二行。为了使织物表层形成平纹组织，提起用X表示的交替的奇数页综框3、7和11。在同一行中，提起用O表示的第三行中出现在表面的织物里层经纱——综框6和8。

第四行织的是织物里层的第二行。为了在织物里层形成平纹组织，提起用O表示的交替的偶数片综框4、8和12。在同一行中，提起用X表示的第四行中出现在表面的织物表层经纱——综框1、3、9和11。

继续以同样的方式绘制每一行图案，直到完成整个提综图。

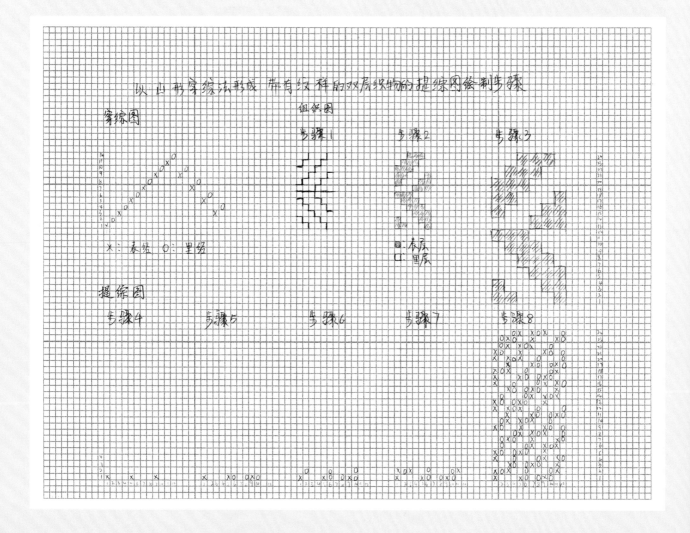

分区穿综法在色块设计中的运用

该穿综方法不仅为简单的纹样设计，也为复杂的双层色块纹样设计提供多种选择。每个单元中的4根经纱（表、里每层各2根）可以重复多次，取决于所用纱线的粗细和所需图案的尺寸。每个色块重复的次数越多，编织时纹样形状就会越好地呈现出来。

黑色表层经纱＝X，白色里层经纱＝O

穿综图

16																O										
15															X											
14														O												
13													X													
12												O										O				
11											X										X					
10										O										O						
9									X										X							
8								O																		O
7							X																		X	
6						O																		O		
5					X																		X			
4				O																						
3			X																							
2		O																								
1	X																									

---重复循环--- ---重复循环--- ---重复循环--- ---重复循环--- ---重复循环--- ---重复循环---

穿筘图

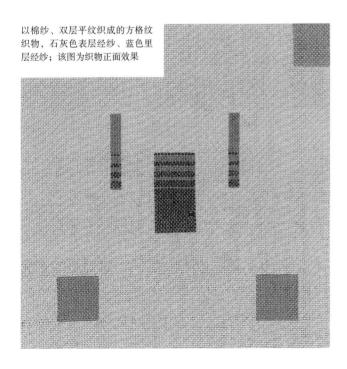

以棉纱、双层平纹织成的方格纹织物，石灰色表层经纱、蓝色里层经纱；该图为织物正面效果

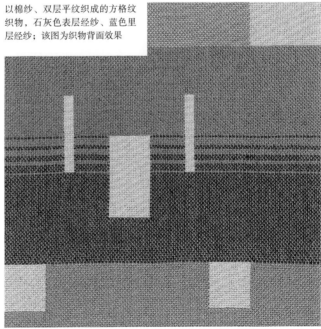

以棉纱、双层平纹织成的方格纹织物，石灰色表层经纱、蓝色里层经纱；该图为织物背面效果

以棉纱、双层平纹织成的方格纹织物，表层灰色经纱、里层彩色条纹经纱；该图为织物背面效果

以棉纱、双层平纹形成的方格纹织物，表层灰色经纱、里层彩色条纹经纱；该图为织物正面效果

提综图
设计K

（下半部分为 设计K 的黑白组织图）

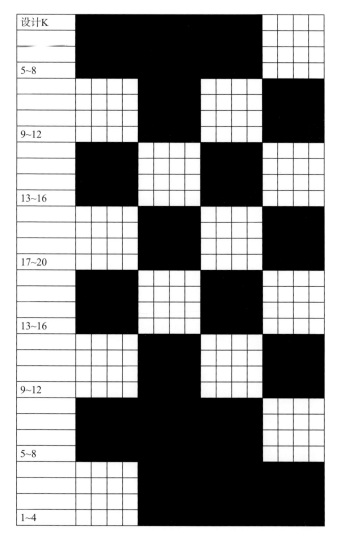

左侧提综图（设计K）行标号（自下而上）：1~4、5~8、9~12、13~16、17~20

右侧组织图（设计K）行标号（自下而上）：1~4、5~8、9~12、13~16、17~20、13~16、9~12、5~8

设计L																
	X		X	O	X			X	O	X			X	O			O
			X					X				X			O	X	O
		X	O	X			X	O	X			X	O	X			O
29~32	X			X				X					X	O			O
		X		X	O	X			X	O				O			O
			X					X			O	X	O		O	X	O
		X	O	X			X	O	X			O					O
25~28	X			X				X	O			O	X	O			O
		X		X	O	X			X	O			O	X		X	O
			X					X			O	X	O			X	
		X	O	X			X	O	X			O			X	O	X
21~24	X			X				X	O			O	X				
		X		X	O				O			O	X		X	O	
			X			O	X	O			O	X	O			X	
		X	O	X			O				O			X	O	X	
17~20	X			X	O		O	X	O			O	X				
		X		X	O			O	X		X	O	X		X	O	
			X			O	X	O				X			X		
		X	O	X			O			X	O	X		X	O	X	
13~16	X			X	O		O	X			X			X			
			O				O	X		X	O	X		X	O	
		O	X	O		O	X	O			X			X		
		O				O			X	O	X		X	O	X	O
9~12	X	O		O	X	O		O	X			X				
			O	X		X	O	X		X	O	X		X	O	
		O	X	O		X				X			X			
		O			X	O	X		X	O	X		X	O	X	
5~8	X	O		O	X			X			X					
			O	X		X	O	X		X	O					O
		O	X	O		X			X			X		O	X	O
		O			X	O	X		X	O	X				O	
1~4	X	O		O	X			X				X	O			O

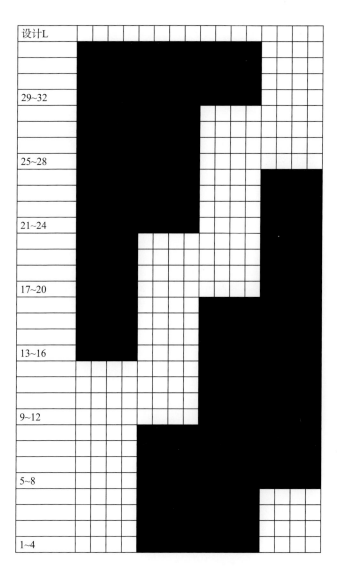

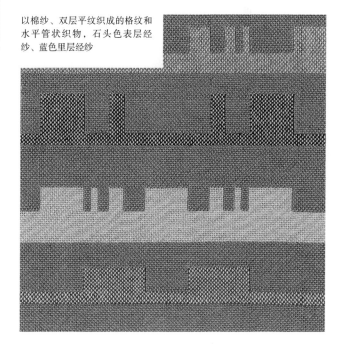

以棉纱、双层平纹织成的格纹和水平管状织物，石头色表层经纱、蓝色里层经纱

褶裥织物

可以在织物中织出水平横向的褶裥。与双层组织一样，它需要两组经纱——一组用于形成褶裥，另一组用于形成可将褶裥固定的底布。每组经纱必须缠绕在各自的经轴上，因为形成褶裥的经纱将独立于底布而织造，并且张力要保持松弛以便形成褶裥。理论上，由于每组经纱彼此独立张紧，因此任一组经纱都可以形成褶裥。

然而，如果设计方案中只有其中一组经纱用于褶裥设计，那么褶裥处的经纱应至少比地经长50%至75%，这是因为织造会消耗掉相当多的褶皱经纱。额外增加的长度取决于打褶的频率以及褶裥的大小。如果打算用任何一组经纱起褶而产生对比，则应计算相应的长度。

褶裥的高度受实际织造条件的限制。在织造褶裥时，需要有足够的空间将梭子穿过打开的梭口，并且当完成的褶裥被拉回时，筘座要能达到布的织口（边缘）。

最少需要使用4页综框来织造褶裥，每层织物由两页综框负责。然而如果有更多页的综框可供使用，则可以使用多种组织结构来形成褶裥，如斜纹或缎纹。

最细小的褶裥被反复编织出来，通过设计获得了布面的动感

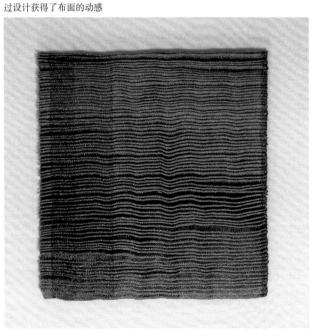

张力

当形成褶裥时，褶裥处的经纱张力很松，直到它稳固地织入底布中。按照以下步骤可以确保在织造过程中不会发生错误。

◆ 折起褶裥后，用筘座将其固定到位，同时提起平纹组织第一行的综框，将两组经纱并列在一起。

◆ 将筘座尽可能推回到靠近综框的位置。

◆ 按顺序投入第一梭纬纱。

◆ 用筘座将纬纱牢牢地打紧。

◆ 在有足够的纬纱保证褶裥定位之前，在提综图中织造下一行花型时，褶裥都有可能被拔出。所以需要用筘座将褶裥固定就位，然后织造下一行平纹组织。

◆ 在引入下一根纬纱之前，务必牢牢地打紧纬纱。

◆ 将筘座推回到综框处，并按顺序投第二梭纬纱。

◆ 至少重复投8梭纬，以便褶裥牢固稳定。

◆ 如有必要，加大褶裥处经纱的张力。

◆ 如果褶裥被拉出，就说明还没有充分地将两层织物编织在一起，那么在这之前不要将张力调回。

当使用非常光滑、易打滑的纱线时，如锦纶或蚕丝单丝，通常需要更多根纬纱才能将褶裥固定到位。

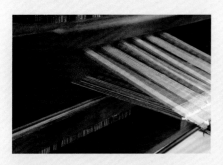

步骤1

首先将两组经纱稳定地编织在一起——通常采用平纹组织，4~8梭纬纱就够了。将褶裥处经纱独立于地经编织，编织长度为最终褶裥所需高度的两倍。

步骤2

该阶段地经没有进行编织，它会沉在褶裥下面。

步骤3

确保没有综框被提起，然后放松褶裥处经纱张力，以便将织物用筘拉回到织口处（在步骤1中将两组经纱织在一起的位置）。

织成的织物被折叠成一半以形成褶裥。

步骤4

用平纹组织将两层织物织在一起。这时会发现，对前面3~4纬来说，褶裥处经纱仍然有些松弛，所以要确保将钢筘尽可能靠近综框，以便织造时梭子能够在松弛的经纱上下顺利通过。

步骤5

需要紧紧地打纬以保持褶裥稳定。

至少要织8根纬纱才能保证褶裥牢固稳定。

当两层织物完全织在一起并足以保持褶裥稳定时，检查褶裥处的经纱张力，如有必要就进行调整——松开它形成的褶裥可能仍然有些松弛。这时或者将两组经纱织在一起，使褶裥之间形成更大的距离，或者开始下一个褶裥。

一组经纱需要2页综框。一组奇数经纱＝X，一组偶数经纱＝O。

穿综图							
4				O				O
3			X				X	
2		O				O		
1	X				X			

提综图1		O		O
	X		X	
		O		O
	X		X	
综框	1	2	3	4

穿筘图	■	■		
			■	■

提综图2			X	
在奇数综框上打褶	X			
			X	
	X			
综框	1	2	3	4

提综图3				O
在偶数综框上打褶		O		
				O
		O		
综框	1	2	3	4

褶裥织物的提综顺序

1. 利用提综图1将两层织物连接在一起。

2. 利用提综图2或图3织造褶裥。

3. 当褶裥织到需要的长度时，放松褶裥处的经纱张力。

4. 利用提综图1将褶裥拉回并和底布交织在一起，至少需要投8梭纬纱。

5. 继续编织底布，或者按照提综图2或3开始织造下一个褶裥。

用锦纶丝和彩色金属丝织成的褶裥织物

提综图4	X		X	O	提综图5				O
		X					O	X	O	
	X	O	X				O			
	X						X	O		O
综框	1	2	3	4	综框	1	2	3	4

简单的褶裥织物实例

两组经纱编织的褶裥织物，其中石灰
色经纱形成褶裥；天然石灰色经纱穿
入4页综，黑白条经纱穿入2页综

石灰色经纱形成褶裥，$\frac{1}{3}$纬面斜
纹用于编织褶裥以形成强烈的色彩
对比；同时拍照的是用纱线缠绕的
效果

石灰色经纱形成褶裥，$\frac{1}{3}$纬面斜纹
用于编织褶裥以形成强烈的色彩对
比；样品上面为纱线缠绕效果示意
和灵感来源

石灰色经纱形成褶裥，花式纱被用
于某些褶裥以加强表面肌理的对比

依据P204的穿综图形成的双层织物

按照穿综图，可以获得水平方向的双层织物，为面料结构设计提供更多变化。双层织物结构可用于褶裥之间——依据提综图将褶裥固定到位后，也可将褶裥用于整个结构中，以使设计多样化。

1. 依据提综图4，把奇数页综框上的经纱织在表层，把穿在偶数页综框上的经纱织在里层。

2. 依据提综图5，把偶数页综框上的经纱织在表层，把穿在奇数页综框上的经纱织在里层。

3. 交替使用提综图4、5，形成水平管状织物。

依据P204的穿综图形成的水平凸起的管状织物

在张力放松时，褶裥的起始和结束处相连会形成一个尖锐的褶裥，或者是一个扁平的双层织物，但也可以在织物表面织造一个凸起的管状织物。

1. 依据提综图1将两层织物织在一起。

2. 依据提综图4，构建双层织物部分——织物背面将形成管状织物的底部。

3. 依据提综图2，编织穿在奇数页综框上的那层织物，与穿在偶数页综框的那层织物分开，单独织。

4. 当织造了足够长度时，放松奇数页综框上的经纱张力。

5. 将奇数页综框编织的织物拉到布的边缘，并利用提综图1将两层织物织在一起，至少要用8根纬纱稳定凸起的管状织物。

6. 两层织物有效地织在一起以保证凸起的管状织物稳定后，检查松弛的经纱张力，如有必要调整张力——松开形成管状织物的经纱时可能仍有些松弛。

7. 为了利用偶数页综框上的经纱形成一个凸起的管状织物，依据提综图5形成管状织物的底部，再依据提综图3进行其余织造。

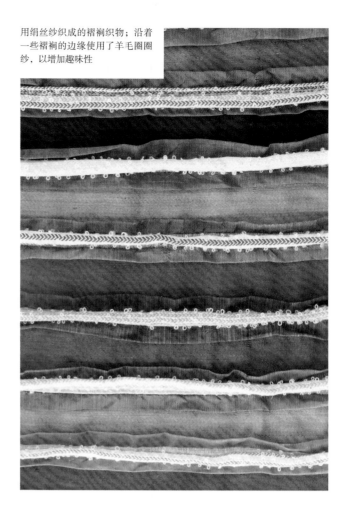

用绢丝纱织成的褶裥织物；沿着一些褶裥的边缘使用了羊毛圈圈纱，以增加趣味性

地经与褶裥经纱均以棉纱织成；将褶裥以一定的重复循环缝合在一起，产生抽褶效果

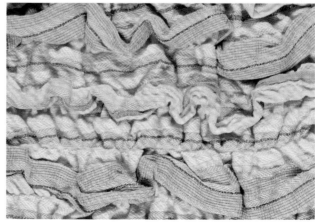

织造褶裥时的多个设计选择

◆用一个颜色纬纱编织一半褶裥，用对比色纬纱织另一半。褶裥折叠后，每侧有不同的颜色。

◆在褶裥编织的中间部位使用特殊纱线，例如，粗支纱或变形纱线，以使褶裥折成一半时形成装饰的边缘。

◆编织后将褶裥缝合在一起，可以产生刺绣效果或波浪效果。这将呈现出褶裥两侧对比的色彩或纹理，并露出保持褶裥固定的底布编织结构。

◆利用不同比例或尺寸的褶裥来营造出动感。从0.6厘米（1/4英寸）的小褶裥开始，逐渐增大每个褶裥的尺寸。

◆采用纬面或经面斜纹、缎纹组织编织，使褶裥更具光泽感。

◆利用双层结构来增加底布的趣味性。

◆如果褶裥织物使用了4页以上的综框，则可以在水平方向的褶裥上，结合使用多种组织，如斜纹、平纹或缎纹，这样会增加织物表面肌理和色彩的趣味性。

◆任何两个褶裥都可以在纬向使用不同的颜色或纱线。

◆在编织褶裥前后，可以在纬向使用弹性纱将两层织物交织在一起。这将使褶裥水平收缩并形成褶皱。当织物从织机上取下时，这种效果更明显。

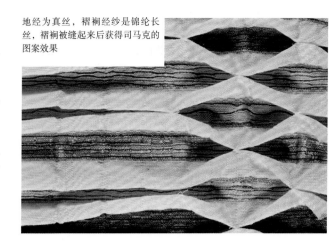

地经为真丝，褶裥经纱是锦纶长丝，褶裥被缝起来后获得司马克的图案效果

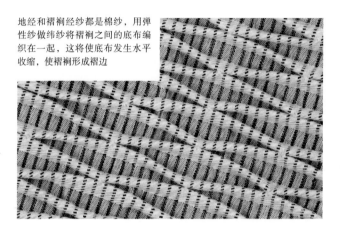

地经和褶裥经纱都是棉纱，用弹性纱做纬纱将褶裥之间的底布编织在一起，这将使底布发生水平收缩，使褶裥形成褶边

将窄条褶裥的边缘用线缝在一起，以产生垂直线的效果

窄带状褶裥织物

　　与编织覆盖整个幅宽的褶裥不同，织物设计时也可以创建一个比底布窄的褶裥。用额外添加很窄的经纱形成褶裥，再用底布将其定位。可以有一个、两个、三个甚至更多个褶裥经纱的窄条带部分，如果有多条独立的带状褶裥，经纱都缠绕在同一轴上，所有的条带必须同时形成褶裥以避免张力不匀问题。如果想设计不同时形成的褶裥，那么必须为每一个褶裥部分经纱分配一个张力控制器，这样每个条带的张力就可以独立控制。

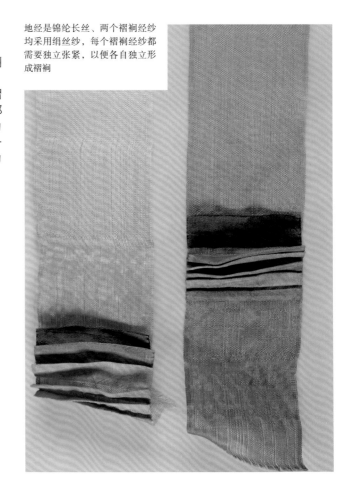

地经是锦纶长丝、两个褶裥经纱均采用绢丝纱，每个褶裥经纱都需要独立张紧，以便各自独立形成褶裥

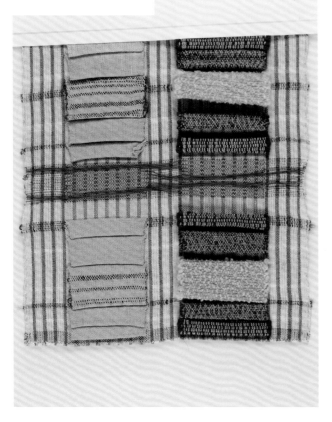

地经和额外添加的褶裥经纱都是棉纱，用多种变化纱线形成褶裥，以增加表面外观的趣味性

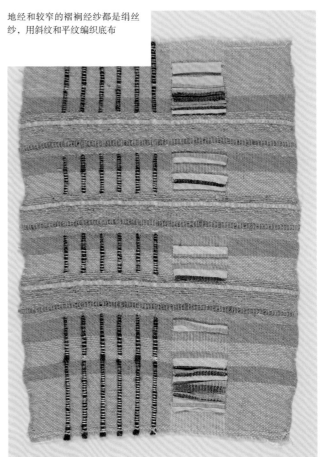

地经和较窄的褶裥经纱都是绢丝纱，用斜纹和平纹编织底布

地经是锦纶长丝，两个褶裥经纱均为绢丝纱，纬纱用锦纶长丝形成褶裥，用一把梭子织两条窄条纹，让锦纶在两条褶裥经纱之间形成浮线

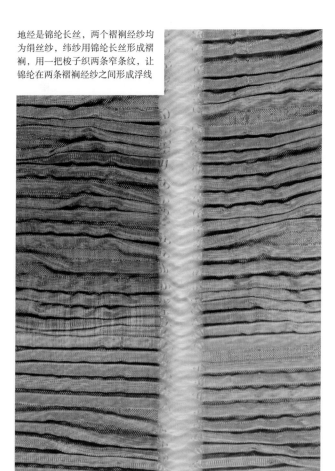

地经和较窄的褶裥经纱都采用绢丝纱，用变化斜纹和平纹来编织褶裥以及底布

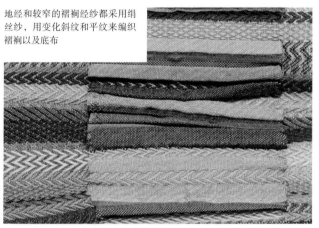

地经和较窄的褶裥经纱都是绢丝纱，用斜纹和平纹编织底布

2页综框负责一组经纱。综框1和2上的地经＝X，综框3和综框4上较窄的褶裥经纱＝O。

穿综图															
4						O			O						
3					O			O							
2	X		X			X			X		X		X		
1		X		X			X			X		X		X	

---重复循环--- -----------重复循环----------- ---重复循环---

穿筘图															
■	□	■		■	■	□	□	■	■	■	□	■	□		
		□	■							□	■		■		

提综图1		X		O
	X		O	
		X		O
	X		O	
	1	2	3	4

提综图2				O
			O	
				O
			O	
	1	2	3	4

提综图3				O
	X	O	O	
			O	
	X	O	O	
	1	2	3	4

提综图4	X	X		O
		X		
	X	X	O	
	X			
	1	2	3	4

提综图5	X	X		O
	X	X	O	
	X	X		O
	X	X	O	
	1	2	3	4

褶裥织物的提综顺序

1. 利用提综图1将底布与窄条带结合在一起。

2. 利用提综图2织造褶裥效果。

3. 当褶裥达到需要的长度时，松开褶裥经纱的张力。

4. 用提综图1将褶裥折回并编织在一起，至少需要8梭纬纱。

5. 继续将底布和窄条带编织在一起，或利用提综图2开始下一个褶裥。

使用独立的梭子

当在底布上织造窄带状褶裥的双层或管状织物时，分别使用两把梭子：一把织底布，另一把织褶裥。如果有多个区域经纱织造多个褶裥，则每个褶裥分别使用一把梭子（或纡管），否则纬纱会浮在各个褶裥之间的间隔中。如果希望作为设计风格让纬纱浮在各个褶裥之间，则只需在所有褶裥部分使用一把梭子即可。

依据P210的穿综图形成的双层织物

利用窄条部位经纱织造双层织物。可以让窄条经纱织成的双层平铺在底布上，也可以将其稍微凸起来形成一个窄通道。

双层织物的每一层均选择一把独立的梭子交替使用——一把编织底布，另一把编织窄带部位。

窄条经纱位于表层的双层织物编织顺序A

（1）按照提综图1把各层经纱织在一起。

（2）用提综图3编织窄条经纱在上的双层织物。

（3）当双层织物达到所需的尺寸时，按照提综图1，用两根纬纱（如果需要的话可以更多）将两层织物编织在一起。

窄条经纱位于表、里两层的双层织物编织顺序B

（1）按照提综图3编织窄条经纱在上的双层织物。

（2）当双层织物织到所需的尺寸时，按照提综图4织造底布在上、窄条经纱在下的双层部分。

（3）根据需要交替使用两种提综方式。

表层凸起的管状双层织物编织顺序C

（1）按照提综图1将各层经纱织在一起。

（2）依据提综图3，编织窄条经纱在上的双层织物。

（3）按照提综图2，与地经分开，独立织造窄条经纱部分。

（4）当织了足够长度时，放松窄条经纱部分的张力。

（5）将编织的窄条经纱拉到布的边缘，并按照提综图1将两层织物织在一起。至少用8根纬纱固定凸起的管状织物。

（6）两层织物有效地织在一起以保证凸起的管状织物稳定后，检查松弛的经纱张力，如有必要调整张力——松开形成凸起的管状织物时经纱仍有些松弛。

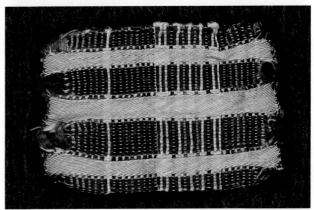

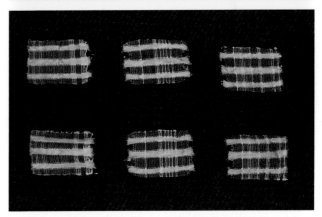

上图：羊毛纱做地经、真丝长丝纱做褶裥经纱。与通常形成褶裥的方式不同，褶裥没有被往前拉，底布的羊毛浮线洗涤后松弛、收缩，这样让真丝经纱纱形成管道效果

中图：羊毛纱做地经和真丝长丝纱做表层的交织细节

下图：所有的附着织物均为羊毛做地经和真丝长丝纱做表层交织形成

里层凸起的管状双层织物编织顺序D

（1）按照提综图1把各层经纱织在一起。

（2）按照提综图4在表层织造底布经纱，在里层织造窄条经纱部分。

（3）按照提综图5，独立地在织物里层织造窄条经纱部分。

（4）当织了足够长度时，放松窄条经纱部分的张力。

（5）将编织的窄条经纱部分拉到布的边缘，并按照提综图1将两层织物织在一起。至少用8根纬纱固定凸起的管状织物。

（6）两层织物完全织在一起以保证凸起的管状织物稳定后，检查松弛的经纱张力，如有必要调整张力——松开形成凸起的管状织物时经纱仍有些松弛。

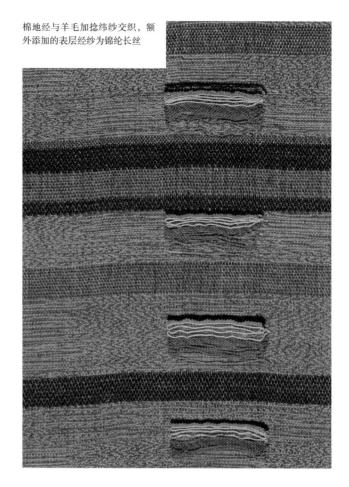

棉地经与羊毛加捻纬纱交织，额外添加的表层经纱为锦纶长丝

地经与窄条表层经纱均为棉纱，底布被织成彩色格纹，窄条状表层被织成对比色

地经为棉纱、窄条经纱为锦纶长丝纱

棉地经与羊毛加捻纬纱交织，额外添加的表层经纱为锦纶长丝

8页综形成的褶裥织物

如果有6页综负责褶裥处经纱、2页综对应地经，则可以使用斜纹或缎纹增加设计特色。

2页综框负责一组经纱，综框1和2上的地经＝X，综框3至8上的褶裥经纱＝O。

穿综图

综框											
8										O	
7									O		
6								O			
5						O					
4				O							
3		O									
2			X			X			X		
1	X			X			X				
穿筘图	■	■	■				■	■	■		
				■	■	■					

提综图1：将两层织物编织在一起。提综图2、3和4用于织造与底布分开的褶裥织物。形成褶裥的方法与使用4页综编织的方法完全相同；区别在于这里有6页综可用于褶裥经纱的穿综，而且可以用更多的组织结构来形成褶裥。

提综图2：以平纹织造褶裥。

提综图3：以缎纹织造褶裥。

提综图4：以 $\dfrac{3}{3}$ 斜纹织造褶裥。

可以使用第三章中所示的6页综编织的任何一种图案来织成褶裥。请注意绘制提综图时，地经要穿过综框1和2，褶裥经纱要穿过综框3至8。

双层织物中的各种效果和凸起的管状织物也可以用与4页综褶裥织造完全相同的工艺来实现。

提综图1		X		O		O		O
	X		O		O		O	
		X		O		O		O
	X		O		O		O	
综框	1	2	3	4	5	6	7	8

提综图2				O		O		O
			O		O		O	
				O		O		O
			O		O		O	
综框	1	2	3	4	5	6	7	8

提综图3						O		
								O
			O					
					O			
							O	
				O				
综框	1	2	3	4	5	6	7	8

提综图4			O	O				O
			O				O	O
						O	O	O
					O	O	O	
				O	O	O		
			O	O	O			
综框	1	2	3	4	5	6	7	8

提综图:凸起的管状双层织物

提综图5	X	X		O		O		O	提综图6				O		O		O
		X								X	O	O	O	O	O	O	
	X	X	O		O		O					O		O		O	
	X									X	O	O	O	O	O	O	
综框	1	2	3	4	5	6	7	8	综框	1	2	3	4	5	6	7	8

提综图7					O				提综图8			O	O				O
						O					O				O	O	
		X	O	O	O	O	O	O			X	O	O	O	O	O	O
				O										O	O	O	
						O							O	O	O		
		X	O	O	O	O	O	O			X	O	O	O	O	O	O
				O									O	O			
						O								O	O	O	
		X	O	O	O	O	O	O			X	O	O	O	O	O	O
				O										O	O		
						O							O	O	O		
		X	O	O	O	O	O	O			X	O	O	O	O	O	O
				O									O	O	O		
				O									O	O	O		
		X	O	O	O	O	O	O			X	O	O	O	O	O	O
综框	1	2	3	4	5	6	7	8	综框	1	2	3	4	5	6	7	8

提综图5:双层平纹织物,地经位于表层,褶裥经纱位于里层。

提综图6:双层平纹织物,地经位于里层,褶裥经纱位于表层。

提综图7:褶裥位于表层的双层织物。地经在里层织成平纹,褶裥经纱在表层织成缎纹。由于平纹结构比缎纹更紧密,所以用一根纬纱对应地经,用两根纬纱对应褶裥经纱。如果以相同的比率织造织物,褶裥处结构在外观上会显得松散,纬纱无法稳定地定位、容易滑脱。

提综图8:褶裥位于表层的双层织物。地经在里层织成平纹,褶裥经纱在表层织成 $\frac{3}{3}$ 斜纹。与提综图7一样,地经对应一根纬纱,然后两根纬纱对应褶裥经纱以弥补结构过于松散的不足。

上图:底布编织的纹样与褶裥相呼应;地经与褶裥经纱均为棉纱

下图:地经与褶裥经纱均为绢丝纱;底布以斜纹织成,褶裥用纬面扭曲结构织成

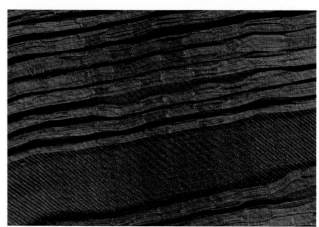

袋状织物

作为织物设计的一部分，可以织造一侧开口的袋状织物。一般来说，口袋是一边封闭的管状织物，至少需要6页综才能织造该结构，需要两组经纱——一组形成底布，另一组经纱可织一个或多个口袋。每组经纱都各自独立地缠绕在各自的经轴上。

在下示的穿综图中，地经穿4页综框，即1、2、3和4，用X表示；穿在综框3和4上的地经用于封闭口袋的一侧；口袋经线O穿在综框5和6上。

穿综图

综框																		
6						O					O							
5					O					O								
4							X		X									
3						X		X										
2		X		X			X						X		X		X	
1	X		X		X					X		X		X				

---重复循环---　---重复循环---　---重复循环---　---重复循环---　---重复循环---

穿筘图

(黑白交替图案)

提综图1		X		X		O	提综图2					X		O
	X		X		O				X		X	O	O	
		X		X		O						X		O
	X		X		O		综框		X		X		O	O
综框	1	2	3	4	5	6	综框	1	2	3	4	5	6

用毛纱织造的口袋

如何织造袋状织物

按照上示的穿综图可以形成两个袋状织物——一个是左侧开口，另一个是右侧开口。按照提综图2织造时，需要使用两把独立的梭子——一把织地纬，另一把用于织袋状部分。

1. 用提综图1将底布和袋状织物织在一起。

2. 用提综图2织造袋状织物。图中的第一纬织造底布，第二纬织造袋状部位；综框3和综框4参与每一层的编织。这样，当编织袋状经纱时，令其纬纱与底布交织，然后把口袋从一侧封闭。左手口袋将在右侧边缘封闭，右手口袋将在左侧边缘封闭。

3. 利用提综图1将两层织在一起，封闭口袋。

加强边缘

在织造袋状织物时，请注意它们本身是各自独立的两层织物，需要加强边缘以保持边缘整齐。为了使边缘更致密，当穿袋状部分经纱时，最初的6根综丝每根均穿入2根经纱（综框5和6）。如果按上示的穿综图形成两个对称的口袋，则最后的6根综丝每根穿入2根经纱完成另一个口袋。

丝带织物

　　从地经的上端垂直向下织，可以在底布表面编织一条窄带。如果把它固定在底布中央，会给人一种装饰丝带的视觉效果；如果底经和丝带经纱在布面呈对比状，那么装饰效果会大大增强。可以使用细而有光泽的纱线作为窄丝带用经线，如真丝或黏胶丝；而粗糙或亚光纱线用于地经，如亚麻、羊毛或棉纱。

　　至少需要6页综编织达到此效果。将丝带与底布经纱接结也需要单独的2页综框，丝带用经纱和地经也如此。

　　将地经和接结经纱缠绕到一根经轴上，窄丝带用经纱缠绕到另一根经轴上。

　　地经由综框1至4负责，用X表示；穿在综框3和4上纱线的作用是将窄丝带用经纱接结到底布上；综框5和6上的经纱用于形成丝带，用O表示。

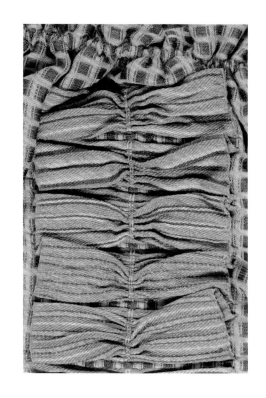

穿综图

综框																												
6					O		O			O			O			O			O									
5				O		O			O			O			O			O										
4											X																	
3										X																		
2			X		X			X												X			X		X			
1		X		X		X											X					X		X				

---重复循环---- -------重复循环------- ------重复循环------- ---重复循环---

提综图1

综框	1	2	3	4	5	6
					X	O
				X	O	
			X	X	O	O
			X			O
			X	O		
	X		X		O	O

穿筘图

　　在上示的穿综图中，由于窄丝带用经纱比地经细，因此丝带用经纱密度［根/厘米（英寸）］是地经的两倍。即如果地经密度是10根/厘米（24根/英寸），那么丝带用经纱密度是20根/厘米（48根/英寸）。

　　在底布的幅宽上可以设置任何数量的丝带用经纱。织造时，每条丝带需要一把独立的梭子，另外还有一把梭子用于织造底布。如果丝带很窄，每个部分分别用一个纡管将更容易控制。

如何织造丝带织物

　　由于丝带用经纱比地经纱细，因此织一梭底纬时需要织两纬丝带用纱。

◆ 提综图中的第一纬织底布。

◆ 提起综框3，投第二纬和第三纬编织丝带。

◆ 提综图中的第四纬织底布。

◆ 提起综框4，投第五纬和第六纬编织丝带。

织物边缘的处理

　　正如袋状织物，请注意窄带状褶裥或丝带本身是独立的一层织物，需要在边缘加固来保持边缘整齐。

　　为了使边缘更加紧密，在窄带或丝带部分的经纱穿综时，最初的6根综丝每根均穿入2根经纱（综框5和6），在丝带结束处的最后6根综丝每根也穿入2根经纱。

　　或者，在窄带或丝带部分的经纱穿综时，可以在最初2根和最后2根综丝中使用带纹理或较粗的纱线作经纱，以获得有特色的边缘装饰效果。

　　还可以使用丝带的穿综图织造褶裥织物、双层织物和凸起的管状织物。综框5和6上的经纱将形成褶裥或凸起的管状织物，综框1至4上的经纱将形成底布。如果想尝试使用其他组织结构，则需使丝带用经纱长于地经。

故障排除

经纱整经时的问题

保持经纱分绞

当按照正确的根数准备好经纱后，要保持整经时做的分绞，这样才能记录下经纱的顺序。该经纱顺序在铺展到分绞筘上时需要，当经纱穿综时也需要。当经纱从轴上退出之前，用一段30厘米（12英寸）长的比较结实的线绳在经轴的头端和末端保持分绞。在分绞的左侧，这根结实的线绳一端从前到后，然后再从后到前，回到右侧前面，两端牢牢地被系紧。当开始将经纱顺序地铺展在分绞筘上时，结实的线绳由两根分绞辊所代替，这两根分绞辊在一侧稳定地连接在一起，两根辊之间留出大约5厘米（2英寸）的缝隙可以方便地计算纱线根数。在整个编织过程中这对分绞辊要一直保持在经纱上。

避免经纱打结

如果在缠绕经纱时，经纱打结了，最好在经纱准备阶段就去除它，将经线退回到最开始的经杆处，或者退回到缠绕的经轴结束处，哪个挨着最近就从哪结束。去掉打结的这段长度，重新系紧经纱，即从头端或经轴结束端系紧纱线，这样就可以在编织过程中避开接头以防它在筘中卡住。

在分纱筘上均匀分布经纱时的问题

更正整经错误

穿筘时，如果发现算错了并错过一根或几根经纱时，那么很容易在这个阶段按照以下方式补充上缺失的纱线。在缺纱的经轴位置处补一根新纱线，穿过正确的筘齿和分绞辊，拉着它绕过整个经纱长度。按照此方法补上所有缺失的纱线。

如果经纱穿综结束才发现这个错误，那么可以按照以下方法单独更换其中的个别经纱。用线轴缠绕一定量的缺失的经纱，再将这根纱线按照正常的方式穿过分绞辊和综丝眼，将线轴挂在织机的后方，用缝衣针穿过线轴一根线，将经纱缠绕固定，并给这根经纱施加一定重量，以便与其他经纱一样具有一定的张力。

在经纱穿筘时的问题

构建一个稳定的布边

编织时，手和梭子经常接触边缘的经纱，就会磨损边纱甚至使其断裂。为了防止这一现象的发生，可以让筘齿边缘的经纱加倍，双纱穿筘可以增加边纱密度和边缘强度。为此，设计经纱时，为了不减少经纱宽度，可以在经纱缠绕的开始阶段和结束阶段额外增加一些相同颜色、相同材质的经纱。

穿综问题

如何处理未使用的综丝

穿综时通常都会留下一些多余的综丝在综框上没有被使用，如果织机上是金属综，尽量避免出现未使用的综丝在织造边缘磨损甚至磨断经纱的现象。用一根结实的线把这些综丝向后捆起来放在综框的一侧即可。

按照经纱穿综顺序更正漏穿的综框

例如，经纱穿综顺序是1、2、3、4，但在第二个循环偶然漏穿了第4页综框，即1、2、3、4、1、2、3、1、2、3、4。这就意味着两根经纱同时被提起，第二个循环中最后提起的第3页综的经纱与第三个循环开始提起的第1页综的经纱一起跳起。

这时可以在第4页综漏穿经纱的循环处，用一根光滑结实的纱线，如2/3粗细的棉纱，补上一根综丝，用线轴缠绕一段缺失的经纱，将该经纱穿过分绞辊、综丝和钢筘。这样做，织造时会呈现一条紧密的条痕，要防止这个现象出现，就只能通过重新穿筘来获得完美的效果。

更正同一综框内连续穿重的经纱

例如，经纱穿综顺序是1、2、3、4，操作时不小心在第二个循环中的第2页综框穿了2根经纱而漏穿了第3页综框的经纱，即1、2、3、4、1、2、2、4、1、2、3、4。这种情况下编织时也会有两根经纱同时被提起。这时可以在第3页综框漏穿经纱的那个循环的位置处，用一根光滑结实的纱线，如2/3粗细的棉纱，补上一根综丝。将第2页综框中穿错的经纱抽出，如果这根经纱太短无法重新穿纱就系上另一根纱线，将该经纱穿过综丝并重新穿筘，最后将纱线头端固定在织轴上。

穿筘问题

更正筘齿内缺失的经纱或每筘齿内多穿的经纱

如果筘齿内缺失经纱，将会在布面形成一条稀路；如果一个筘齿内多穿了经纱，将会在布面上形成密条。

这时需要从出错的地方开始重新穿筘。如果出错的地方在中心的右侧，则拉出右侧的经纱，从左向右重新穿筘；如果出错的地方在中心的左侧，则拉出左侧的经纱，从右向左重新穿筘。

更正筘齿内交叉的经纱

穿筘时，可能会搞错两根经纱的顺序，使它们在其他纱线之上发生交叉，在织造时就很容易看出来，因为它们影响到清晰梭口的形成。交叉的经纱或许会导致其在错误的地方被提起，或者是导致其他经纱被错误地提起；织造时梭子无法顺利通过梭口，甚至打断经纱，或者是纬纱不能与经纱发生正确的交织，呈现出编织错误。这时需要找到出错的筘齿，从钢筘中拉出错穿的经纱，按照正确的顺序重新穿筘，并重新附着在经轴的分绞辊上。

经向存在的问题

松经的处理方式

如果经纱系紧后，仍有些经纱松弛而导致无法正常织布，则需要找到松弛的经纱，用缝衣针线将松弛的经纱拉到布的织口处，并用针在水平方向别住固定。

断经的处理方式

经纱断裂的原因很多。如一根松弛的经纱，当综框提起时它因为没有被充分地提起，容易被梭子打断；纱线上的薄弱环节；穿筘穿错了导致梭子打到它并打断经纱。一旦遇到断经，记住一定要立刻修复，以防断裂的经纱与其他纱线缠绕而产生更进一步的断裂，从而限制了其他经纱，无法充分地被提起让梭子通过，最终这会导致更多纱线的断裂。这时通常是用同种颜色、同样材质的纱线进行修补。

在综丝前修补一根断纱时，需要拉着这根断纱通过钢筘到达布的织口，牢固地接上一根修补的经纱，修剪接头、将修补的经纱重新穿筘，在布上修补的经纱前沿着纬向水平扎一根缝衣针，将修补的经纱用别针绕成八字形以保证牢固，再继续织造。

在综丝后修补一根断纱时，需要先拉着这根断纱的一端通过钢筘到达布的织口。做不到的话就沿着这根经纱追踪到分绞辊的位置，接上一根修补的经纱，保证它足够长，能接到织口的前方。修剪接头、将修补的纱线穿过空的综丝、钢筘，并将修补的经纱用别针绕成八字形以保证牢固，然后就可以继续织造了。

当织物下机后，去除缝衣针，将接头两端拉到布的反面并修剪。

纬向存在的问题

纬纱的张力
如果编织时纬纱拉得过紧，会引起幅宽比预计要窄，而且布边的经纱与钢筘的金属片摩擦易发生断裂；如果纬纱张力过小，会在布边留下多余线量。

用大拇指放在梭子的梭眼上感受一下纬纱张力，梭眼朝向自己，如果感觉纱线有点紧，就用杆子将纬纱放入织口；如果感觉纱线有点松，在边缘留有余量，就在换下一梭之前将多余的量轻轻拉出来。

纬向的打结
纬向的打结要保持布边整齐，防止边纱吊起，无论是开始织造时或是纱芯用完时，以及要换一根新纱线或换一根不同颜色的纱线时，都要保持布边整齐，操作时可以手工缠绕一些纬纱进行编织。

开始编织第一纬时，在经纱边缘留出2.5厘米（1英寸）长的纬纱，当打开梭口投第二纬时，织进1/2英寸（1.5厘米）长的纬纱，并将多余的量拉到织物的背后，梭子通过整个梭口的宽度，变换梭口继续编织。

当更换一个新纱管时，需要将其与上一纬系在一起。将旧纱管的末端留在布边一段自由的长度，打开梭口等待开始编织下一纬的开口。在梭子中换上新的纱管，用用过的纱管编织末尾，大约1.5厘米（1/2英寸）就够了，将多余的线量拉到编织物的背后。在同一个梭口，梭子带着新纱管的纱线从相反方向通过梭口，直至到达上一纱管中的纱线用完的位置，在边缘留出2.5厘米（1英寸）长的纱线。变换梭口，用左侧较松散的纱线从新纱管的第一纬开始编织，让梭子通过同一个梭口，继续编织。

词汇

织物里层（Back cloth）：双层结构织物的里层。

筘座（Batten, Sley, Beater）：用于固定筘，并且织造时，用于控制纬纱方向。

经轴，织轴（Beam）：在织机后方，用于卷绕经纱的轴；在织机前方，卷绕着织成织物的轴。

打纬（Beating-up）：筘前后运动将纬纱打入布织口的动作。

经向凸条组织（Bedford cord）：明显的纵向凸条结构。

分区穿综（Block draft）：几页综框专用于穿一组经纱，另几页综框用于穿第二组经纱，依次穿第三组、第四组经纱。

纡管，筒管（Bobbin）：用于缠绕纬纱，装在船状或装有滚轮的梭芯中。

布莱德蜂巢组织（Brighton honeycomb）：外观与普通蜂巢组织非常相似，但是用顺穿法获得。其结构不如传统的蜂巢结构有规律。

灯芯绒，割绒织物（Corduroy）：通常浮线形成纵条状的剪绒织物，当织物下机后，该浮线被割开（工厂可以在机器上割绒）。

稀密筘（Cramming and spacing）：当钢筘中穿纱密度变化时就称之为稀密筘。对于紧密织物，每英寸每筘齿经纱根数要比常规织物多；而对于轻薄、稀疏织物，需要减少每英寸每筘齿经纱根数。

经纱分绞（Cross, Lease）：绕线时，在两个经杆之间对经纱的分绞，以便于穿综时经纱能够按顺序排列。

分绞棒（辊），分纱杆（Cross sticks, Lease sticks）：用于卷绕经纱时，保持经纱分绞状态的工具。

分割线（Cutting line）：在凸条织物与灯芯绒织物结构中，用于分隔凸条和绒条的经纱。

筘齿（Dent）：钢筘上，每两个金属片之间的缝隙称为筘齿；分纱筘的缝隙通常也被称为筘齿。

穿筘（Denting）：将经纱从筘齿中穿过的动作。

穿筘图（Denting plan）：表示了经纱在每个筘齿中穿入的根数。如果要获得一种经向稀密条特征时，就需要穿筘图。

穿综图（Draft, Threading plan, Draw-in）：表明经纱穿到哪页综框以及穿综的顺序。"Draft"在美式英语中也指穿纱、提综、编织说明，包括踏板捆扎规律和踏板踩踏顺序等。

组织图（Draw-down, Weave plan）：组织设计，画在意匠纸上的组织结构设计图。

织机的妆造（Dressing the loom）：包括牵经、卷绕经轴、穿综、插筘、上机。

经纱（End）：单根经纱。

异经（织物）（End and end）：两种不同颜色或两种不同类型的纱线经向交替并列的经纱排列顺序。

经密（EPCM and EPI）：每厘米或每英寸的经纱根数。

织物表层（Face cloth）：双层结构织物的表层。

织口（Fell）：靠近筘的织物边缘。

经、纬浮线（Float）：经纱或纬纱浮在另一个系统的两根或两根以上的纱线上。

跳纱（Float）：一种布面疵点。由于穿综错误、穿筘错误、提综错误或经纱张力不匀所形成的疵点。

浮纹组织（Floats）：在底布表面，纱线按照规定的间隔上下沉浮形成某种造型。

纱罗组织（Gauze）：网眼状组织，像假纱罗结构。

底布（Ground cloth）：用于添加经纱或纬纱进行装饰造型的机织底布。

地经（Ground ends）：构建添经、添纬结构织物时，用于形成底布的经纱。

综丝（Heddle, Heald）：由中间带有综眼的金属或线绳构成，每个综丝眼穿过一根经纱，综丝悬挂于综框上。

蜂巢组织（Honeycomb weave, Waffle weave）：通过排列经浮线和纬浮线构成菱形纹样的结构。在平纹组织的周围，以浮线搭建成一个菱形纹样。

方平组织，席纹组织（Hopsack weave, Basket weave）：基于平纹组织基础上的变化，将其单元中的一根纱线换成两根或更多根。

表里交换（Interchange）：当编织双层织物时，一层与另一层相互交换。即将表层织到里层，里层织到表层。

提综图（Lifting plan）：对多臂织机来说，又称纹板图（Peg plan）；对脚踏织机来说，又称踏板规律（Treadle plan），提综图呈现的是综框提起的顺序。

团花（Medallion）：当织造纬向网目结构时所形成的圆形或椭圆形两个独立图案。

假纱罗，透孔组织（Mock leno）：一种形成孔眼状结构的组织，可以获得花边、装饰效果。

纬纱（Pick）：单根纬纱。

间隔投梭（Pick and pick）：纬向两个颜色或两种纱线的交替投梭顺序。

平纹（Plain weave, Tabby）：最简单的一种织物结构。其结构规律统一，由两根经纱和两根纬纱构成重复单元，经组织点和纬组织点彼此交替重复排列构成平纹组织。

山形穿综法（Point draft）：以最后一页综框为中心，左右互为相反，达到最后一页综框后再反向顺序穿过。例如，六页综框的穿综顺序为1，2，3，4，5，6，5，4，3，2。

意匠纸（Point paper, Graph paper）：用于绘制织物组织图、工艺图的方格纸。

纬密（PPCM or PPI）：每厘米或每英寸的纬纱根数。

分纱筘（Raddle, Spreader）看起来很像一个带筘齿（均匀分布）的大梳子，用金属或木辊分隔开，经纱均匀地穿过筘齿。

经纬颠倒的组织设计（Railroading）：用于描述一种织物，它在纬向进行设计，当织物下机后，纬向旋转90°，织物被十字颠倒，水平条纹变成垂直条纹。

筘，钢筘（Reed）：有着金属缝隙的、用于在织机前方均匀分散纱线的工具。它位于筘座上，用于打纬；沿着钢筘将让纬纱引入织口内。

插筘刀，穿筘钩（Reed hook）：当插筘时，用来牵引经纱穿过筘齿的带有扁平状钩子的工具。

穿筘图（Reed plan）：表示每个筘齿中穿过的经纱根数。

重复循环（Repeat）：当相同的排序再重复一遍，就称为一个循环。

纬面缎纹组织（Sateen weave）：通过打破斜纹组织的排序而构成的组织。该织物表面分布有连续纬浮线，布面纬纱以绝对优势遮盖经纱。

经面缎纹组织（Satin weave）：通过打破斜纹组织的排序而构成的组织。该织物表面通常分布有连续经浮线，布面经纱显著遮盖纬纱。

绉布，泡泡绉（Seersucker, Crinkle cloth）：成品布面既有独特的凹凸和皱缩部分、又有平坦部分对比效果的织物。大多形成垂直纵条纹状泡泡。

布边（Selvedge, Selvage）：织物织造时左右两侧的边缘，通常在织造时会用额外的经纱加固布边。

每英寸或每厘米的经纱根数（Sett）：决定了编织的密度。

综框（Shaft, Harness）：悬挂综丝的框。

梭口（Shed）：织造时通过提起或下降综框而形成的开口，即梭子通过的梭道。

梭子（Shuttle）：织造时，它携带着缠绕纬纱的纡管穿过提起的经纱形成的梭口；通常的梭子像船形或装有滚轮，而杆状梭子用于粗纱织造厚重织物。

顺穿法（Straight draft）：经纱按照顺序穿过每一页综框，如1，2，3，4，1，2，3，4等。

穿综（Threading, Drawing in, Entering）：把经纱穿过综丝眼。

脚踏板与综框连接的顺序（Tie-up）

加弱捻的丝线或真丝线（Tram）：通常每英寸只有2~5个捻回。

斜纹线（Twill line）：以斜纹组织编织形成的对角斜纹线。

斜纹组织（Twill weave）：该结构可以织造布面呈对角斜线纹样的织物。

填芯经纱，垫经（Wadding end）：嵌入在底布与纬浮纱之间较粗厚的经纱，增加了凸条织物的轮廓清晰度（立体感）。

填芯纬纱，垫纬（Wadding pick）：嵌入在底布与经浮纱之间较粗厚的纬纱，增加了水平或波浪形凸条织物的轮廓清晰度（立体感）。

经纱（Warp, Ends）：穿过织机，沿着织物长度方向上的纱线。

经面织物（Warp-faced cloth）：布面经纱占绝对优势的织物。

整经架（Warping board）：带有销子的架子或木板，用于缠绕经纱以获得所需的长度。

整经滚筒架（Warping mill）：圆柱状架子，经纱呈螺旋状缠绕在滚筒上以便获得所需的长度。

经纱排列图（Warping plan）：为了获得所需幅宽和外观的织物，列出所需经纱根数以及经纱中的色纱排列顺序的图。

纬纱（Weft, Picks）：与两个布边、与经纱垂直的纱线。

纬纱排列图（Weft plan）：纬向设计时，每个颜色或每种类型需要用多少根纬纱，以及每个颜色的纬纱排列根数。

纬面织物（Weft-faced cloth）：布面纬纱占绝对优势的织物。

纱线缠绕法（Yarn wrap）：一种确定经纱用纱的色彩和成分组成的方法。即在经纱确定前，将纱线缠绕在一块长条硬纸板上进行观察。

图片来源

4 Katie Foster; 5 Rachel Wallis; 6 'Sails' collection, Angharad McClaren; 7t
Jonathan Saunders/Getty Images; 7b Willow/Mahlia Kent; 8 Ellen Hayward; 11 - 21,
25 photographs by Alan Duncan; 28 t Linda Hartshorn; 28 b 'Tabby' project, Asa
Parsons; 29 t Nozipho Mathe; 29 b Rachel Wallis; 30 t Imogen Beoghton-Dykes; 30ml,
b Fiona Sutherland; 30 mr Jenny Gordon; 31 t Katie Foster; 31 b Georgina Woolridge;
32 tl Emma Birtwistle; 32 br Sarah May Johnson; 33 t Sarah May Johnson; 33 m, b Ayse
Simsek; 34 Mandy Lee; 36 b Rachel Wallis; photography by Alan Duncan; 38 t Laura
Montandon; 38 b Samantha Ingle; 39 Lucie Fellows; 40 Mandy Lee; 42 Rebecca Caldwell;
44 Hanna Bowen; 46 Sarah May Johnson; 47 Hanna Bowen; 48 tl Emma Birtwistle; 48
tr Sarah Deamer; 48 mr Ellen Simpson; 48 bl, br, 49 Emma Burt; 50 Hanna Bowen; 52 t
Mandy Lee; 52 b Katie Hale; 53 Emma Burt; 56 Elizabeth Hudson; 58 Anna Birtwistle;
60 tl, tr, bl Sarah May Johnson; 60 br Lucie Fellows; 61 tl, ml, bl Nicola Adams; 61 tr
Lucie Fellows; 61 br Olivia Sammons; 62 tl, r Chelsey Jones; 62 bl Jaymini Bedia; 65tl,
ml Jan Shenton; 65 tr, bl Chelsey Jones; 65 br Jennifer Gregory; 66 Jodie Hatton; 67
tl, tr Jennifer Gregory; 67 b Emma Birtwistle; 68 t Sarah Deamer; 68 b Jaymini Bedia;
69 l Ellie Hawkins; 69 tr, br Emma Burt; 71 Sarah Deamer; 72 Kirsty Morris; 74 Helen
Foot; 75 - 6, 78 - 9 Kirsty Morris; 80, 82, 84 - 90 Jan Shenton; 93 Jaymini Bedia; 94
tl Georgina Woolridge; 94 bl, r Lindsey Smith; 95 l, br Katie Foster; 95 tr Fiona Deans;
96 tl Jenny Craddock; 96 tr Fiona Deans; 96 br Jan Shenton; 97 Emma Birtwistle; 99
Jaymini Bedia; 101 Jan Shenton; 102 Kirby Harris; 104 tl Emma Birtwistle; 104 tr Jenny
Craddock; 104 bl Ketsarin Goodwin; 104 br Jaymini Bedia; 105 tl, br Emma Burt; 105 tr
Jaymini Bedia; 108 Alice Pointon; 109 tl Charlotte Harris; 109 tr Ellie Hawkins; 109 bl
Alice Pointon; 109 br, 110 tr, tl Kirby Harris; 110 b Jenny Craddock; 112 unknown; 113
photographs by Alan Duncan; 114 tl, tr Georgina Woolridge; 114 bl Jaymini Bedia; 114
br Ellie Hawkins; 115 tl Samantha Ingle; 115 bl Ellie Hawkins; 115 r Sarah Deamer; 116
unknown; 118 t Jennifer Gregory; 118 bl Anna Champeny (www.annachampeney.com);
118 br Jodie Hatton; 121 tl Jennifer Gregory; 121 tr Rebecca Caldwell; 121 bl Sarah May
Johnson; 121 br Jodie Hatton; 126 Victoria Martoccia; 127 Jan Shenton; 129 Jennifer
Gregory; 132 - 3 Megan Chamberlin; 135 Anna Champeney (www.annachampeney.com);
138 Jan Bowman; 139 Jan Shenton; 140 Katie Hale; 141 Charlotte Hoad; 146 Elizabeth
Owen; 149 unknown; 150 Elizabeth Owen; 154 'Rhythm and Sequence', Teresa
Georgallis 157 t Jenny Craddock; 157 m, b Katie Hale; 158 - 9 Sarah Deamer; 160 tl
Katie Hale; 160 tr Amy Lee; 160 ml, mr Ellie Hawkins; 160 b Alice Pointon; 161 tl Lily
Tennant; 161 tr, m, b Jan Shenton; 165 t Rebecca Caldwell; 165 bl Imogen Beighton-
Dykes; 165 br Olivia Sammons; 166 tl Ellie Hawkins; 166 tr Chelsey Jones; 166 bl
Nozipho Mathe; 166 br Nicola Adams; 167 t Jan Shenton; 167 b Nicola Adams; 168 Jan
Shenton; 171 t, bl Sarah Stones; 171 br Jaymini Bedia; 173 Ellen Hayward; 174 t Anna
English; 174 m, b Jennifer Gregory; 180 tl Nozipho Mathe; 180 tr, br Laura Winstone;
180 m Jan Shenton; 180 bl Alice Kennedy ; 181 Lauren Balding; 182 Annah Legg; 185
tl, tr Jan Shenton, 185 bl Jodie Hatton; 185 br Emma Burt; 187 Jan Shenton; 190, 191 t
Annah Legg; 191 b Lisa Devonshire; 196 t Teresa Georgallis; 196 b Fiona Deans; 197 tl,
bl Sarah Lynn; 197 r Lisa Devonshire; 199 - 201 Annah Legg; 202 'Twilight', Laura
Thomas; 203 photographs by Alan Duncan; 204 'Tropical Fusion', Jan Bowman; 205
Rachel Wallis; 206 t Emily Whitesmith; 206 b Charlotte Hoad; 207 t Emily Whitesmith;
207 m Charlotte Hoad; 207 b 'Oriental Dawn', Jan Bowman; 208 t Sarah May Johnson;
208 bl Abigail Cooper; 208 br Chelsey Jones; 209 tl, bl, br Emma Burt; 209 tr Sarah May
Johnson; 211 Lucie Fellows; 212 t Anna Warren; 212 bl Lisa Devonshire; 212 br Laura
Montadon; 214 t Lisa Devonshire; 214 b Ellen Simpson; 215 - 216 Jan Shenton.

Unless otherwise indicated, all photographs by Alan Duncan, the author or the fabric
designer.

All line drawings by Lily Tennant

致谢

非常感谢莉莉(Lily)帮助我做了大量的绘图,感谢艾伦(Alan)对设计
作品的拍摄,感谢所有富有才华的设计师们,是他们慷慨地将设计作
品贡献出来收录在此书中。书中所有列举的机织物设计作品都是令人
惊讶的,我相信会给其他机织物设计带来很多启发。最后也非常感谢
安妮·汤利(Anne Townley)和苏菲·怀斯(Sophie Wise)在此书写作过
程中的大力支持。